山东沿海习见贝类图鉴及资源保护利用

宋爱环　吴莹莹　王英俊　主编

海洋出版社
2024年·北京

图书在版编目（CIP）数据

山东沿海习见贝类图鉴及资源保护利用 / 宋爱环，
吴莹莹，王英俊主编. -- 北京 : 海洋出版社, 2023.12
ISBN 978-7-5210-1232-3

Ⅰ. ①山… Ⅱ. ①宋… ②吴… ③王… Ⅲ. ①海洋生物－贝类－山东－图集②海洋生物－贝类－水产资源－资源保护－山东－图集③海洋生物－贝类－水产资源－资源利用－山东－图集 Ⅳ. ①Q959.215-64②S932.6-64

中国国家版本馆CIP数据核字(2023)第251344号

责任编辑：项　翔　孙　巍
责任印制：安　淼

海洋出版社 出版发行
http://www.oceanpress.com.cn
北京市海淀区大慧寺路 8 号　　邮编：100081
鸿博昊天科技有限公司印制　　新华书店经销
2024年2月第1版　　2024年2月第1次印刷
开本：787mm × 1092mm　1 / 16　印张：11
字数：126千字　　定价：158.00元
发行部：010-62100090　　总编室：010-62100034

《山东沿海习见贝类图鉴及资源保护利用》编委会

主　编：宋爱环　吴莹莹　王英俊

副主编：刘　莹　邹　琰　张守都

编　委：（按姓氏笔划排序）

于超勇　王淑娴　孔　晓　石　莹

卢　珺　兰娇娇　刘　童　李　莉

李泽邦　宋娴丽　张　伟　林治术

周　蕊　官曙光　赵文溪　姚琳琳

徐　恺　麻丹萍　盖珊珊

前　言

中国连绵的海岸线孕育了种类繁多的海洋软体动物，目前已发现的有4 000余种，是世界软体动物多样性最丰富的国家之一。贝类是最具有代表性的软体动物，不仅具有极高的经济价值，也具有重要的生态价值。山东省海岸线长度占全国的六分之一，海域面积与陆域面积相当，贝类资源丰富，为全国海洋贝类第一大省。贝类养殖年产量400余万吨，居全国首位，涵盖30多个养殖种类，其中牡蛎、蛤、扇贝、贻贝等已进行了规模化养殖生产，并形成了“乳山牡蛎”“胶州湾蛤蜊”“黄河口文蛤”“长岛扇贝”等20余个海洋经济贝类国家地理标志产品，促进了山东贝类养殖产业的高质量发展。

种质资源是产业健康可持续发展的基础。山东省水产种质资源库自2012年建立以来，收集保存了山东沿海常见的海洋生物种质资源500余种，其中常见贝类种质资源约200种。为了更详细地介绍这些贝类资源信息，课题组整理编写了这本书。本书共收录了山东沿海4纲64科156种贝类的300余张图片，内容涵盖各种贝类的形态特征、生态习性、地理分布以及部分经济种类的资源开发利用情况。此外，为使读者从多维度了解这些贝类，本书同时收录了大部分种类的活体或其生长环境等图片，使图片内容更加丰富、生动。最后，本书还详细介绍了山东省海洋经济贝类种质资源的保护管理措施、育种开发历程及增养殖情况等。

本书兼具专业性与科普性，既可为研究人员提供专业参考，又可帮助人们认识身边的海洋贝类，普及海洋贝类科学知识，对于进一步提升大众的海洋贝类资源保护意识，科学开发利用海洋贝类资源，具有积极的推动作用。

本书在出版过程中得到了山东省海洋科学研究院领导的关心和大力支持，在标本收集和资料整理过程得到诸多同事的帮助，在此一并表示感谢。中国科学院海洋研究所张素萍研究员在本书的编写思路、部分贝类种类提供及鉴定方面多次给予了热心的专业指导，在此表示由衷地感谢。

本书的出版得到了山东省农业良种工程项目“水产种质资源挖掘与精准鉴定”、山东省海洋科学研究院补助基金项目“智慧海洋牧场平台关键技术研究与示范”、中国海油海洋环境与生态保护公益基金会项目“山东省典型海岸带海洋生物资源保护研究”的资助。

限于水平，书中难免存在错误和不当之处，敬请读者批评指正。

编　者

目　录

多板纲 Polyplacophora Blainville, 1867

腹足纲 Gastropoda Cuvier, 1795

双壳纲 Bivalvia Linnaeus, 1758

头足纲 Cephalopoda Cuvier, 1795

山东沿海贝类资源的保护与开发利用

多板纲 Polyplacophora Blainville, 1867

多板纲动物比较原始，身体背腹扁平，多呈椭圆形或蠕虫型，左右对称，口位于身体前端，肛门位于身体后端。背部有覆瓦状排列的 8 块壳板，按照壳板的形状和排列的前后分为头板、中间板和尾板。贝壳不能覆盖整个身体，在贝壳与外套膜边缘之间裸露的部分称环带。环带表面有角质层或石灰质的鳞片、针束和角质毛等。头部位于腹面的前方，头部中央有口。足部位于头部的后方，占腹面绝大部分，肛门位于身体腹面的后方。腹面足部与外套膜之间的窄沟为外套沟。鳃呈羽状，位于外套沟内。

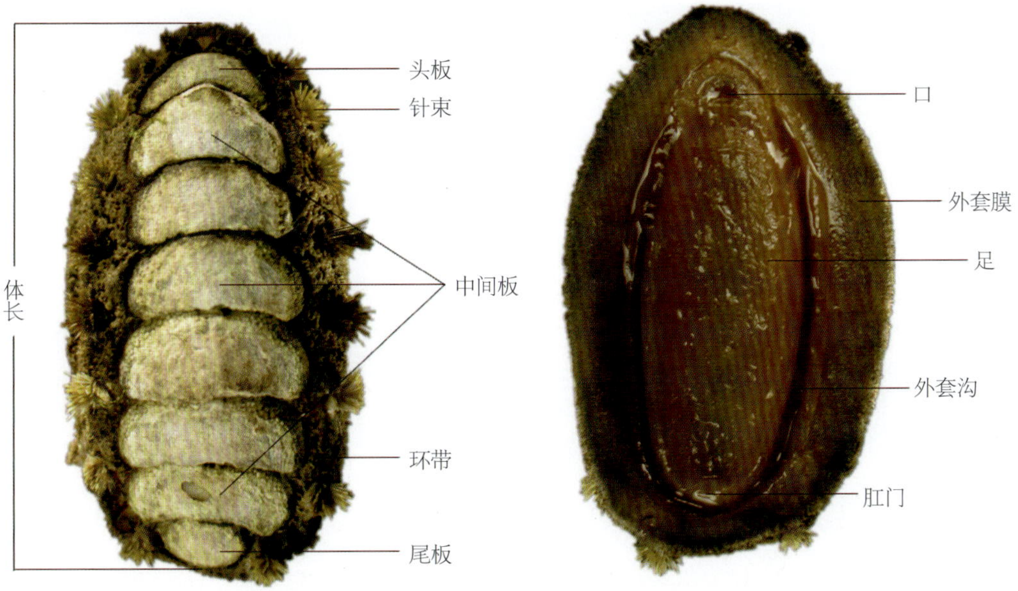

多板纲动物形态结构示意图

毛肤石鳖科 Acanthochitonidae Pilshbry, 1893

毛肤石鳖属 *Acanthochitona* J.E. Gray, 1821

1. 红条毛肤石鳖 *Acanthochitona rubrolineata* (Lischke, 1873)

俗名：海石鳖、石鳖、八节毛。

采集时间地点：2020－06，青岛崂山。

形态特征：体长 20.83 mm，体宽 11.58 mm，体呈椭圆形。背部中央有 8 块壳板，壳板窄，呈绿色，尾板小。四周环带宽，呈深绿色，布满密集的棒状棘刺，并被有由长棘组成的 18 束长毛。

习性及分布：生活于潮间带中、下区的岩石上，营附着生活。在我国沿海均有分布。

锉石鳖科 Ischnochitonidae Dall, 1889

鳞带石鳖属 *Lepidozona* Pilsbry, 1892

2. 朝鲜鳞带石鳖 *Lepidozona coreanica* (Reeve, 1847)

俗名: 海石鳖

采集时间地点: 2021－06，青岛太平角。

形态特征: 体长 13.12 mm，体宽 7.87 mm。体呈椭圆形。体表灰黑色或绿色，背部中央 8 块壳片呈覆瓦状排列。头板半圆形，被有细小粒状放射肋。中间板呈长方形，中央部具细纵肋，翼部两侧具 6 个明显的粗颗粒三角放射肋带。尾板小。环带较窄，黄褐色，被小的鳞片。

习性及分布: 生活于潮间带到潮下带浅水区的岩石上。在我国沿海均有分布。

腹足纲 Gastropoda Cuvier, 1795

腹足纲是软体动物中种类最多的一个纲，因其足位于腹部，故名腹足类。腹足纲动物的壳为不对称石灰质贝壳，其形态千姿百态，是分类的重要依据，大多呈螺旋形，多数为右旋，极少数为左旋，由螺旋部和体螺层两部分组成。壳的顶端为壳顶，是最早形成的一层，各螺层间的界限为缝合线。体螺层的开口称壳口，壳口内侧为内唇，外侧为外唇。壳口常有厣覆盖，由足的后端分泌角质或石灰质，起保护作用。整个贝壳旋转的中轴称螺轴，位于贝壳内部中央，其基部的小窝为脐，深浅不一。头部发达，具有一对或两对触角，一对眼。足一般用于爬行、游泳。

腹足纲动物形态结构示意图

花帽贝科 Nacellidae Thiele, 1891

蝛属 *Cellana* H. Adams, 1869

3. 嫁蝛 *Cellana toreuma* (Reeve, 1854)

俗名： 帽贝、胭脂、胭脂盏。

采集时间地点： 2014－06，青岛朝连岛。

形态特征： 壳长 17.76 mm，壳宽 13.49 mm，壳高 6.55 mm。贝壳呈低平的笠状，卵圆形。壳质较薄，近半透明。壳顶位于近前方，略向前方弯曲。壳面雕刻细密的放射肋。贝壳颜色通常为暗灰色或黄绿色并染有不规则的褐色或灰色斑块，壳内为银灰色，具有明显珍珠光泽，壳周缘具有细齿状的缺刻。

习性及分布： 生活于潮间带岩礁海岸，用发达的足部附着于岩石或石块上，尤以中区和下区的岩石上居多。我国沿海均有分布。

笠贝科 Lottiidae Gray, 1840

笠贝属 *Niveotectura* T. Habe, 1944

4. 白笠贝 *Niveotectura pallida* (A. Gould, 1859)

又名：背肋拟帽贝。

采集时间地点：2021－05，青岛崂山。

形态特征：壳长 13.34 mm，壳宽 10.52 mm，壳高 5.72 mm，贝壳呈笠状，壳质坚厚。壳顶位于贝壳的中央部稍偏前方。壳表放射主肋 20 条左右，较为明显。壳表呈玉白色，常被有淡黄色不规则斑块，壳口卵圆形，内为乳白色，有光泽，边缘有较大的齿状缺刻。

习性及分布：生活于潮间带低潮区长有海藻的礁石上。分布于我国山东以北沿海。

小节贝属 *Lottia* Gray, 1833

5. 北戴河笠贝 *Lottia peitaihoensis* (Grabau & S.G.King, 1928)

又名： 寇氏小节贝 *Collisella kolarovai* (Grabau et King, 1928)

采集时间地点： 2021－06，青岛太平角。

形态特征： 壳长 10.45 mm，壳宽 8.28 mm，壳高 5.25 mm。贝壳呈帽状，壳质较薄。壳顶位于贝壳前方 1/4 处。壳表具细放射肋和生长纹。壳表棕褐色或淡黄色，壳周边被黄褐色相间的放射带。壳口呈椭圆形，内为白色或浅蓝色，有光泽，边缘有白褐相间的镶边。

习性及分布： 生活于潮间带的礁石上。分布于我国黄渤海海域。

背尖贝属 *Nipponacmea* Sasaki & Okutani, 1993

6. 史氏背尖贝 *Nipponacmea schrenckii* (Lischke, 1868)

采集时间地点: 2021－06，青岛崂山。

形态特征: 壳长 32.95 mm，壳宽 28.98 mm，壳高 6.79 mm。贝壳呈低笠状，壳形呈卵圆形、椭圆或近圆形，壳质结实，较薄。壳顶小而尖，位于前方壳长的 1/5 处左右，尖端略向前弯曲。贝壳表面具细密放射肋，与生长线相交形成串珠状小颗粒。贝壳颜色通常为淡黄色或黄绿色，并被有紫色或褐色的斑块。壳内为蓝灰色，中间有 1 块白色的胼胝，边缘具有细齿状缺刻，且有与壳表边缘相似的花纹。

习性及分布: 生活在高潮带附近的礁石上。我国沿海均有分布。

拟帽贝属 *Patelloida* Quoy & Gaimard, 1834

7. 花边拟帽贝 *Patelloida heroldi* (Dunker, 1861)

俗名： 花边小节贝。

采集时间地点： 2021－01，烟台长岛。

形态特征： 壳长 14.50 mm，壳宽 11.20 mm，壳高 5.55 mm。贝壳呈帽状，卵圆形，壳质坚厚。壳顶钝，位于前方。壳前面坡度较小，后面坡度大。壳面被有放射纹和生长环纹。壳面为灰褐色或灰白色，具有白色与黑褐色相间的放射带。壳内青灰色或灰白色，边缘具有黑白相间的花边。

习性及分布： 栖息于潮间带中、低潮区的岩石或石块上，营附着生活。分布于我国的黄海和东海。

8. 矮拟帽贝 *Patelloida pygmaea* (Dunker, 1860)

采集时间地点： 2021－06，青岛太平角。

形态特征： 壳长 11.25 mm，壳宽 10.02 mm，壳高 6.49 mm。贝壳呈帽状，壳质坚厚。壳顶钝而高起，位于贝壳的中央部稍偏前方，且常被腐蚀。壳表放射肋细。壳表有白褐相间的放射带，壳口卵圆形，内为灰白色或浅蓝色，边缘有 1 圈白色为主的镶边。

习性及分布： 生活于潮间带的岩石上。分布于我国北方沿海。

鲍科 Haliotidae Rafinesque, 1815

鲍属 *Haliotis* Linnaeus, 1758

9. 皱纹盘鲍 *Haliotis discus hannai* Ino, 1953

俗名： 鲍、海耳、盘鲍、虾夷盘鲍、鲍鱼。

采集时间地点： 2020－12，青岛崂山。

形态特征： 壳长 81.55 mm，壳宽 55.12 mm。壳呈扁卵圆形或椭圆形，壳质坚硬。前端稍尖，壳顶钝，微突出于贝壳表面，常磨损。体边缘通常有 3 ~ 6 个开孔。壳面为深绿色或青褐色，表面凹凸不平，常夹有黄褐色条纹。壳口卵圆形，壳内银白色，带有淡彩虹色珍珠光泽。

习性及分布： 栖息于潮间带和潮下带藻类丛生的岩礁质海底，用发达的足部吸附在岩石上生活。主要分布于我国黄海，从辽宁、山东到江苏沿海均有分布。

开发利用： 皱纹盘鲍肉质肥美，为海产珍品之一，是我国北方沿海重要的经济增养殖种类，现已可进行大规模人工育苗与养殖。养殖方式有底播养殖、筏式养殖、围堰养殖及工厂化养殖，烟台、威海、青岛等山东半岛沿海皆有皱纹盘鲍的养殖。皱纹盘鲍贝壳是有名的中药石决明，又是制作贝雕画的重要材料。

马蹄螺科 Trochidae Rafinesque, 1815

蝟螺属 *Umbonium* Link, 1807

10. 托氏蝟螺 *Umbonium thomasi* (Crosse, 1863)

俗名：海钱儿、玻璃牛。

采集时间地点：2016－05，山东东营。

形态特征：壳长 3.01 mm，壳宽 5.73 mm。壳呈低椭圆形，壳质厚且结实。螺层之间的缝合线浅呈紫红色或红褐色。壳表平滑光亮，壳色通常为淡棕色、棕黄色、紫色和紫白相间等。壳表常具细密的棕色波状斑纹。壳口近方形，内面有珍珠光泽。脐部为白色或灰白色，无脐孔。厣角质。

习性及分布：生活于潮间带的细沙和泥沙滩上。分布于我国北部沿海至广东南澳。

开发利用：肉可食，味道鲜美，也可作为对虾饵料。贝壳美丽，为贝雕工艺的良好材料，也可加工成装饰品和服装纽扣等。

单齿螺属 *Monodonta* Lamarck, 1799

11. 单齿螺 *Monodonta labio* (Linnaeus, 1758)

俗名：芝麻螺，波螺，花波螺、花枝。

采集时间地点：2021－04，青岛即墨。

形态特征：壳长 21.95 mm，壳宽 18.34 mm。贝壳近卵圆塔形，壳质坚厚，壳顶较尖。壳表呈暗绿色和暗褐色相间。螺肋明显，上有绿色和褐色相间的方块状颗粒突起，排列整齐。壳口呈桃形，壳内灰白色，内唇部有一个大的齿状凸起。无脐孔。厣角质。

习性及分布：生活于潮间带的岩礁海域，常栖息于岩礁背光处。分布于我国的南方和北方沿海。

开发利用：可鲜食，高蛋白低脂肪，味道鲜美，为沿海居民经常赶海捡拾的一种食用经济螺类。

凹螺属 *Tegula* Lesson, 1833

12. 锈凹螺 *Tegula rustica* (Gmelin, 1791)

俗名：马蹄螺、转盘螺、坐屋子。

采集时间地点：2021－04，青岛即墨。

形态特征：壳长 16.75 mm，壳宽 22.70 mm。壳略呈圆锥塔形，壳质坚硬厚实。壳面粗糙呈铁锈色，伴有黄褐色的斑纹。壳口马蹄形，内面银灰色或灰白色，具珍珠光泽，外唇薄，内唇厚，壳底扁平。脐孔大而深。厣角质，圆形，四周有一圈黄色的镶边。

习性及分布：广温性底栖贝类，生活于潮间带的中、低潮区，多栖息于岩礁下或岩石缝隙中，群集性。我国南北方沿海均有分布，主要分布在黄渤海区域。

开发利用：是一种高蛋白低脂肪的优良贝类，且富含锌，味道鲜美，是沿海居民赶海经常捡拾的一种可食用螺类。

丽口螺科 Calliostomatidae Thiele, 1924 (1847)

丽口螺属 *Calliostoma* Swainson, 1840

13. 口马丽口螺 *Calliostoma koma* (Schikama & Habe, 1965)

采集时间地点: 2021－04，青岛即墨。

形态特征: 壳长 23.16 mm，壳宽 27.16 mm。壳呈低圆锥形，壳质稍薄。壳面淡褐色或土黄色，有褐色云斑状。壳表有细螺肋。壳口近方形，内面有珍珠光泽，外唇薄，外缘呈细的缺刻状，内唇较厚。无脐孔。厣角质。

习性及分布: 生活于水深 20 ～ 70 m 的泥沙和软泥质海底。分布于我国渤海和黄海。

开发利用: 可食用，是一种常见的浅海捕捞贝类。

蝾螺科 Turbinidae Rafinesque, 1815

小月螺属 *Lunella* Röding, 1798

14. 朝鲜花冠小月螺 *Lunella correensis* (Récluz, 1853)

俗名: 粒蝾螺、牛眼螺、鸡腚玻螺。

采集时间地点: 2021－06，青岛太平角。

形态特征: 壳长 11.76 mm，壳宽 13.91 mm。贝壳呈球状，壳质坚厚，体螺层膨胀。壳表黄褐色和灰绿色相间。壳面被有较细螺肋，肋上具有颗粒突起。壳口呈圆形，灰白色，内面具珍珠光泽，外唇薄，内较厚。无脐孔。厣石灰质，较厚，半球状，外凸内平，外面灰白色，间有灰绿色，内呈棕褐色。

习性及分布：生活于潮间带岩石岸的礁石间，常群居生活。我国北方沿岸有分布。

开发利用：螺肉鲜美，可食用，高蛋白低脂肪，是一种近岸常见的采捕贝类，深受沿海居民喜爱。其靥可作为装饰品材料。

15. 粒花冠小月螺 *Lunella coronata* (Gmelin, 1791)

采集时间地点: 2021－06，青岛团岛。

形态特征: 壳长 20.44 mm，壳宽 20.91 mm。贝壳呈球状，壳质坚厚结实。壳面粗糙，螺肋由小颗粒连结而成。壳表黄褐色，布有黄绿色斑，壳口近六边形，外唇较薄，内唇较厚，并在下方形成一厚的胼胝。脐孔明显，较深。石灰质厣，半球状，外凸内平，灰白色。

习性及分布: 生活于潮间带礁石间。在以往的报道中，本种分布于浙江以南海域，但近年来在山东沿海也发现有分布。

开发利用: 肉可食用，属于味道鲜美的可食用螺类。

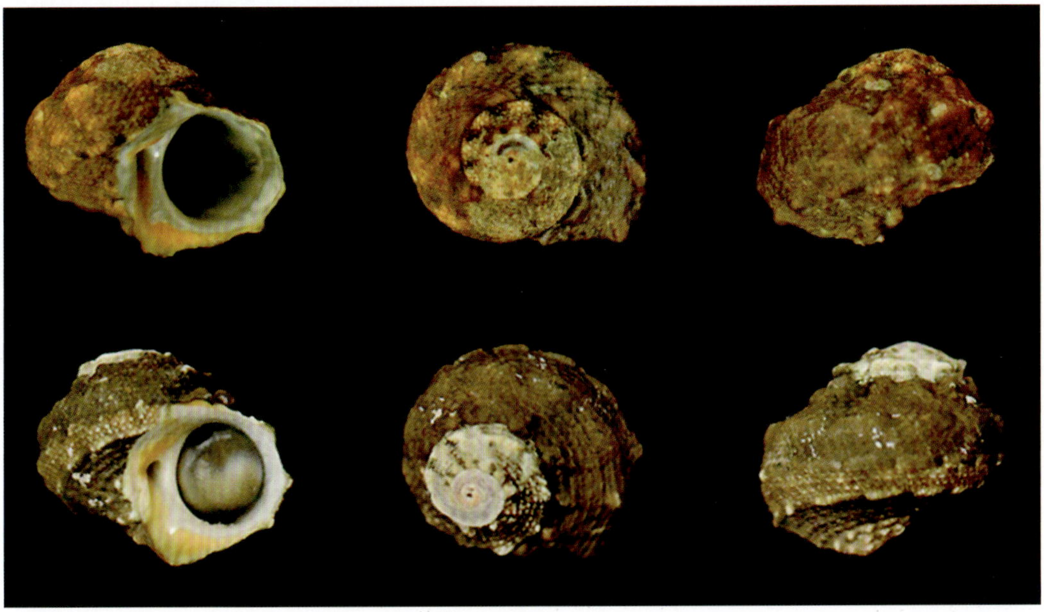

汇螺科 Potamididae H. Adams & A. Adams, 1854

拟蟹守螺属 *Cerithidea* Swainson, 1840

16. 红树拟蟹守螺 *Cerithidea rhizophorarum* A. Adams, 1855

采集时间地点： 1991－01，青岛胶南，东营。

形态特征： 壳长 28.61 mm，壳宽 12.81 mm。贝壳呈塔形，壳质薄，壳顶常脱落。缝合线明显。壳表纵横螺肋交织形成颗粒状突起。壳色通常螺层上半部为黄白色，下半部为黄褐色，各螺层上有 1 条红褐色螺带。壳口近圆形，内有棕色或紫褐色螺带，外唇薄，微扩张，内唇稍反折，前沟呈窦状。厣角质。

习性及分布： 生活于潮间带的高潮区、有淡水流入的泥沙滩或红树林中。我国沿海均有分布。

17. 尖锥拟蟹守螺 *Cerithideopsis largillierti* (R. A. Philippi, 1848)

采集时间地点： 2022－04，青岛即墨。

形态特征： 壳长 17.97 mm，壳宽 8.16 mm。贝壳呈锥形，壳质较薄。壳体较膨圆，顶部较尖，各螺层之间的缝合线较深，螺旋部具有光滑且排列均匀的纵肋，贝壳基部具有较细的螺肋。壳体呈褐色或青灰色，每个螺层具有一条褐色螺带。壳口呈卵圆形，外唇薄，内唇弧形，前沟微凸出。

习性及分布： 主要生活在潮间带高潮区有淡水注入的泥滩上，分布在我国南方和北方沿海。

塔蟹守螺属 *Pirenella* J. E. Gray, 1847

18. 蛹形塔蟹守螺 *Pirenella pupiformis* Ozawa & D. Reid, 2016

采集时间地点： 2022－05，青岛即墨。

形态特征： 壳长 25.08 mm，壳宽 9.48 mm。中等大小贝类，贝壳呈锥形。壳质坚硬，壳体呈青灰色，各螺层之间的缝合线较深，每个螺层上都具有 3 列珠状螺带，其中 1 列呈黄褐色。壳口卵圆形，壳内紫褐色纹与黄褐色纹相间排列，外唇较扩张，内唇较短小，前沟短，呈缺刻状。

习性及分布： 生活在有淡水注入的潮间带至浅海。分布于我国南方和北方沿海。

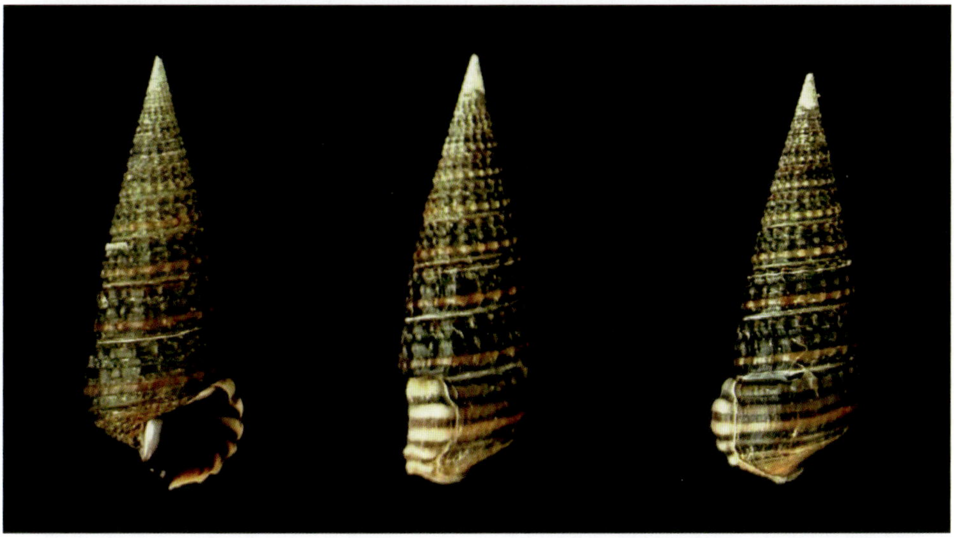

滩栖螺科 Batillariidae Thiele, 1929

滩栖螺属 *Batillaria* W. H. Benson, 1842

19. 纵带滩栖螺 *Batillaria zonalis* (Bruguière, 1792)

俗名：吸玻螺、锥玻螺。

采集时间地点：2019－04，青岛崂山。

形态特征：壳长 26.86 mm，壳宽 11.22 mm。贝壳呈尖锥形；壳质坚厚。壳顶常被腐蚀。壳面具有明显的纵肋和粗细不均匀的螺肋。壳面为黑褐色和青灰色，夹有规则的灰白色螺带。壳口为卵圆形，内为紫褐色或夹有白色条纹，壳口外缘具有 U 形凹陷，内唇较厚，前沟短。厣角质。

习性及分布：为广温性底栖贝类，生活在潮间带高、中潮区，常在附近有淡水流入的泥沙滩上栖息。全国沿海均有分布。

开发利用：可鲜食，落潮后可人工采捕，一般食用品种。

20. 古氏滩栖螺 *Batillaria cumingii* (Crosse, 1862)

俗名：吸波螺、锥波螺、吮波螺儿。

采集时间地点：2019－04，山东烟台。

形态特征：壳长 18.85 mm，壳宽 7.39 mm。壳呈长椎形，壳质坚厚。壳顶尖，常被腐蚀。壳面具有明显的螺肋，壳表较光滑，通常呈黑褐色或褐绿色。壳口卵圆形，内黄褐色，有的具紫褐色条带，外唇薄，内唇稍厚，前沟短，呈缺刻状。厣角质。

习性及分布：广温性底栖贝类，生活于潮间带高、中潮区，有淡水注入的泥滩和泥沙滩上。分布于我国北部至福建沿海。

开发利用：肉可食，味道鲜美。是一种比较受沿海居民欢迎的可赶海捡拾的海鲜。食用时，先把壳尖部敲掉，再用嘴吮吸壳的口部，肉即可入口食用。

锥螺科 Turritellidae Lovén, 1847

锥螺属 *Neohaustator* Ida, 1952

21. 强肋锥螺 *Neohaustator fortilirata* (G. B. Sowerby III, 1914)

俗名： 海缀、螺丝螺、尖螺。

采集时间地点： 2015－07，青岛即墨。

形态特征： 壳长 60.00 mm，壳宽 13.77 mm。贝壳呈尖椎形，壳质结实。壳顶尖，光滑，常磨损，螺旋部高，体螺层短。壳面粗糙，呈黄褐色，近壳顶的颜色逐渐变淡，缝合线下有褐色螺带，生长纹明显。壳口近圆形，外唇薄，内唇略厚呈白色。厣角质。

习性及分布： 生活在潮下带的泥沙和软沙质底海域。我国黄海（35°N 以北）、渤海有分布。

开发利用： 其肉可鲜食，市场上常把尖部敲掉后出售。酱爆辣螺作为一种开胃海鲜越来越受到年轻人的喜爱。

滨螺科 Littorinidae Children, 1834

滨螺属 *Littorina* A. Férussac, 1822

22. 短滨螺 *Littorina brevicula* (R. A. Philippi, 1844)

俗名：香波螺、晒不死。

采集时间地点：2020－06，青岛崂山。

形态特征：壳长 14.37 mm，壳宽 12.01 mm。贝壳近球形，壳质结实。螺旋部短小，体螺层膨大，壳面具有粗细不均的螺肋。壳表颜色变化较大，多呈褐绿色，壳顶多呈紫褐色。壳口圆，内褐色，内唇厚且宽大，下端向前方扩张成反折面。无脐孔。厣角质。

习性及分布：生活在高潮线附近的岩石上，常群居。我国沿海均有分布。

开发利用：个体小，肉可食，味鲜美，其肉具有平肝清热等药用功效。

拟滨螺属 *Littoraria* Gray, 1833

23. 中间拟滨螺 *Littoraria intermedia* (R. A. Philippi, 1846)

采集时间地点: 2021－03，青岛崂山。

形态特征: 壳长 13.75 mm，壳宽 8.64 mm。贝壳小，呈圆锥状，壳质薄但结实。壳顶稍尖，体螺层较膨胀。螺肋明显，中部螺肋较粗。壳面灰黄色或淡褐色，夹有棕褐色螺带和花纹。壳口卵圆形，内部色彩和肋纹与壳表面相似，外唇薄，内唇稍扩张。无脐孔。厣角质。

习性及分布: 生活于潮间带高潮区的岩石上。我国沿海均有分布。

结节滨螺属 *Echinolittorina* Habe, 1956

24. 小结节滨螺 *Echinolittorina radiata* (Souleyet, 1852)

采集时间地点：2021－08，青岛崂山。

形态特征：壳长 5.59 mm，壳宽 4.51 mm。壳呈球形，壳质坚实。壳顶尖，呈圆锥形，体螺层膨大。壳表面具有粗细相间的粒状螺肋，中部螺肋较强。壳顶青黑色，其余壳面灰黄色或夹有青色斑纹。壳口卵圆形，外唇薄，内唇厚，略扩张。无脐孔。厣角质。

习性及分布：生活在潮间带高潮区岩石上或缝隙间，常群居。我国沿海均有分布。

麂眼螺科 Rissoinidae W. Stimpson, 1865

类麂眼螺属 *Rissoina* A. d'Orbigny, 1841

25. 褶类麂眼螺 *Rissoina plicatula* Gould, 1861

采集时间地点： 2022－07，青岛即墨。

形态特征： 壳长 4.06 mm，壳宽 1.68 mm。小型贝类，呈斜纺锤形。壳面灰白色，缝合线深，螺层略膨胀，螺旋部高，体螺层较低，生长纵肋明显，突出于壳面。壳口卵圆形或近半圆形，唇边缘加厚。

习性及分布： 主要分布在潮间带的沙质或砾石质底。

腹螺属 *Alvania* Risso, 1826

26. 精巧腹螺 *Alvania concinna* A.Adams, 1861

采集时间地点： 2022.07，青岛即墨。

形态特征： 壳长 3.42 mm，壳宽 1.51 mm。小型贝类，呈圆锥形，壳顶较钝圆。壳质较薄，壳色呈棕褐色或黄褐色，螺层缝合线明显，螺旋部纵肋较粗，体螺层较亮滑，纵肋在体螺层消失。壳口卵圆形，外唇弧形，边缘较薄。

习性及分布： 主要分布在潮间带的沙滩中。

金环螺科 Iravadiidae Thiele, 1928

小菜籽螺属 *Nozeba* Iredale, 1915

27. 锯齿小菜籽螺 *Nozeba ziczac* (H. Fukuda & Ekawa, 1997)

采集时间地点: 2022－05，青岛即墨。

形态特征: 壳长 4.84 mm，壳宽 2.69 mm。小型贝类，贝壳呈长卵圆形。壳质较薄。各螺层膨圆，体螺层膨大。壳体光滑，披一层淡黄色壳皮。壳口卵圆形，壳内淡黄色，周缘较光滑，后部较狭窄。

习性及分布: 生活在具有内湾的潮间带海区。主要分布在我国的山东半岛沿海。

拟沼螺科 Assimineidae H. Adams & A. Adams, 1856

拟沼螺属 *Assiminea* J. Fleming, 1828

28. 琵琶拟沼螺 *Assiminea lutea* A. Adams，1861

采集时间地点： 2019－09，烟台莱州。

形态特征： 壳长 7.62 mm，壳宽 4.92 mm。贝类较小，呈卵圆形，壳质薄但结实。贝壳缝合线明显，各螺层较膨胀且由顶部到口部逐渐膨大。壳表光滑，螺肋较细密，壳色呈铜褐色或土黄色。壳口较大呈梨形，壳内颜色同壳表。

习性及分布： 生活在高潮区的泥滩上，经常有淡水注入的地方较常见。主要分布在我国的黄渤海沿岸。

尖帽螺科 Capulidae J. Fleming, 1822

发脊螺属 *Neoiphinoe unicarinata* (G. B. Sowerby I, 1834)

29. 发脊螺 *Neoiphinoe unicarinata* (G. B. Sowerby I, 1834)

俗名：单肋发脊螺。

采集时间地点：2015－05，日照。

形态特征：壳长 21.34 mm，壳宽 14.88 mm。贝壳呈纺锤状，壳质薄。壳顶小而凸出，体螺层膨大，呈阶梯状。壳表呈暗黄色，壳口呈近似梨形，内黄褐色，外唇薄，内唇稍厚，肩角上环绕一条明显的龙骨状突起，前水管沟短小。脐孔大而深呈放射状。厣角质。

习性及分布：生活于潮下带。我国黄海有分布。

玉螺科 Naticidae Guilding, 1834

真玉螺属 *Eunaticina* P. Fischer, 1885

30. 真玉螺 *Eunaticina papilla* (Gmelin, 1791)

又名：乳头真玉螺。

采集时间地点：2020－01，山东渤海湾。

形态特征：壳长 17.73 mm，壳宽 20.21 mm。贝壳呈长椭圆形，壳质薄但结实。

螺旋部低小，壳顶凸出呈乳头状，体螺层膨大而斜，壳表沟纹清晰。壳面乳黄色，壳口大，梨形，壳内白玉色，外唇薄，内唇较厚。脐孔深。厣角质。

习性及分布： 生活在沙质和泥沙质海底。分布于我国沿海各地，北方多于南方。

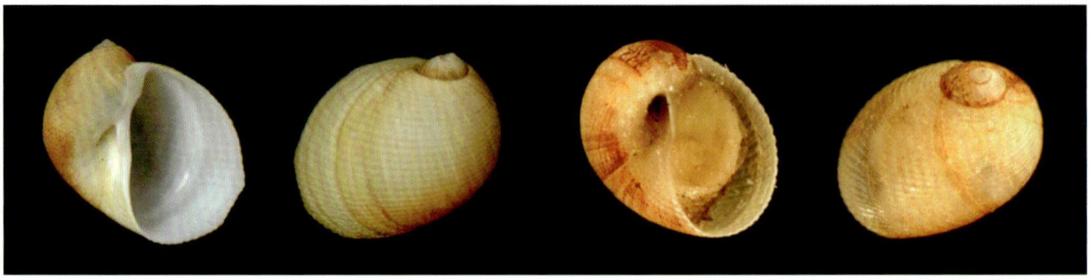

类玉螺属 *Paratectonatica* Azuma, 1961

31. 斑玉螺 *Paratectonatica tigrina* (Röding, 1798)

俗名： 香螺、蚶虎、花螺。

采集时间地点： 2019－04，山东烟台。

形态特征： 壳长 24.24 mm，壳宽 21.02 mm。贝壳近球形，壳薄但结实。螺旋部低小，体螺层膨大。壳面滑亮，灰白色，除基部外布满密集的褐色或黄褐色斑点。壳口卵圆形，内灰白色，外唇常杂有褐色斑点。脐孔大。石灰质厣，外侧边缘嵌有 2 条明显的沟纹。

习性及分布： 生活于潮间带及潮下带的泥质和泥沙质海滩。我国沿海均有分布。

开发利用： 肉质鲜美，是一种重要的经济贝类。肉食性。其贝壳可制作工艺品。

镰玉螺属 *Euspira* Agassiz, 1837

32. 微黄镰玉螺 *Euspira gilva* (R. A. Philippi, 1851)

俗名： 福氏玉螺、香波螺儿。

采集时间地点： 2016－05，山东东营。

形态特征： 壳长 31.59 mm，壳宽 28.76 mm。壳呈近似梨形，壳质坚实。螺旋部呈圆锥形，体螺层膨大。壳面光滑，生长线细密，会形成纵的褶皱。螺旋部多呈青灰色，其余壳面灰黄色或黄褐色。壳口梨形，内面为灰紫色或黄褐色。脐孔深。厣角质。

习性及分布： 生活于软泥质的海底，但在沙质及泥沙质的滩涂也有栖息。在我国的黄渤海沿岸分布广泛，向南到东海也有分布。

开发利用： 味道鲜美，营养丰富，具有较高的食用价值，是一种重要的采捕经济螺类，市场需求较大。

Neverita Risso, 1826

33. 扁玉螺 *Neverita didyma* (Röding, 1798)

俗名: 肚脐螺、香螺、海脐。

采集时间地点: 2016－05，山东东营。

形态特征: 壳长 24.80 mm，壳宽 34.34 mm。贝壳呈扁平的半球形，壳质坚厚，壳顶较扁平。壳面光滑无肋，生长纹明显。壳面呈淡黄褐色，基部白色，壳顶多呈深褐色。壳口大呈梨形，外唇薄，内唇较厚，中部凸起形成光滑的褐色胼胝，中央具1条明显的沟痕。脐孔大而深。厣角质。

习性及分布: 生活在沙质海域，分布在潮间带至潮下带水深 50 m 的海底，为我国南北沿海常见种，北方多于南方。

开发利用: 肉质鲜美，高蛋白，低脂肪，是沿海居民喜食的重要经济螺类之一，北方沿海产量很高，为肉食性种类。扁玉螺贝壳可作为工艺品材料。

扁玉螺属 *Glossaulax* Pilsbry, 1929

34. 广大扁玉螺 *Glossaulax reniana* (Dunker, 1877)

俗名： 玉螺。

采集时间地点： 2015－10，山东东营。

形态特征： 壳长 20.16 mm，壳宽 20.79 mm。贝壳近椭球形，壳质坚厚。螺旋部短小，体螺层宽大。壳面光滑，生长纹细密。壳表黄褐色，壳顶淡紫色。壳口大，略呈半圆形，内唇在脐孔处形成一光滑的淡紫色胼胝，中央具有 1 条明显的沟痕。脐孔大而深。厣角质。

习性及分布： 生活于潮下带的沙和泥沙质海底。分布于我国沿海各地。

开发利用： 肉质鲜美，经济价值较高，是人们较为喜爱的海产品之一。肉食性。壳可作为工艺品材料。

隐玉螺属 *Cryptonatica* Dall, 1892

35. 拟紫口玉螺 *Cryptonatica andoi* (Nomura, 1935)

俗名： 钢螺。

采集时间地点： 2019－04，山东烟台。

形态特征： 壳长 30.92 mm，壳宽 25.02 mm。贝壳呈近似球形，壳质厚且结实。螺旋部较小，体螺层膨圆。壳面光滑无肋，生长纹粗糙。壳面呈淡灰紫色或灰黄色，体螺层上具有黄白色纵向色带。壳口梨形，内白色，唇部白色，较光滑。脐孔较浅，呈月牙状。石灰质厣，其外缘嵌有 2 条明显的沟纹。

习性及分布： 我国北方沿海常见种，生活于潮下带浅海沙、泥沙质及软泥质海底。

开发利用： 肉可食用，味道鲜美，是一种重要的经济贝类。

冠螺科 Cassidae Latreille, 1825

鬘螺属 *Phalium* Link, 1807

36. 短沟纹鬘螺 *Phalium flammiferum breviculum* C.-Y. Tsi & S.-T. Ma, 1980

采集时间地点： 2019－04，山东莱州。

形态特征： 壳长 52.50 mm，壳宽 32.91 mm。贝壳卵圆形，壳较薄而结实。螺旋部呈低圆锥形，体螺层膨大。壳面黄白条纹相间分布。壳口狭长，花纹分布同壳面，外唇较厚，并向外翻卷，外唇内缘具小齿状突起，内唇上部薄，较光滑，下部具有皱褶，前沟短，呈倒 U 形。厣角质。

习性及分布： 非常见种，生活于潮间带低潮区至水深 45 m 的细沙质浅海。分布于我国长江口以北的黄渤海沿岸。

开发利用： 肉可食用，贝壳可作为工艺品材料。

梯螺科 Epitoniidae S. S. Berry, 1910 (1812)

梯螺属 *Epitonium* Röding, 1798

37. 梯螺 *Epitonium* sp.

采集时间地点： 2022－05，青岛即墨。

形态特征： 壳长 3.62 mm，壳宽 1.91 mm。小型贝类，呈低圆锥形。壳质较厚，壳面白色或淡灰白色。体螺层膨大，壳体雕刻片状纵肋，分布规律，缝合线较深。壳口接近圆形，壳口周缘较宽厚。

习性及分布： 多分布在浅海砂质底。

阿玛螺属 *Acrilla* H. Adams, 1860

38. 尖高阿玛螺 *Acrilla acuminata* (G. B. Sowerby II, 1844)

俗名： 尖高旋螺。

采集时间地点： 2015－05，烟台莱州。

形态特征： 壳长 32.95 mm，壳宽 8.98 mm。贝壳呈尖椎形，壳质较薄。螺层由顶部到口部均匀膨大。壳面具有光滑的细纵肋，在体螺层基部凸起 1 条明显的细螺肋，每个螺层上具有 1 条黄白色螺带。壳口椭圆形，壳内颜色同壳面，外唇较薄常破损，内唇稍厚，白色。无脐孔。厣角质。

习性及分布： 生活于水深 10 ～ 30 m 的泥沙质及软泥质海底。分布于我国南北沿海。

骨螺科 Muricidae Rafinesque, 1815

骨螺属 *Murex* Linnaeus, 1758

39. 浅缝骨螺 *Murex trapa* Röding, 1798

采集时间地点: 2022－07，青岛红岛。

形态特征: 壳长 48.52 mm，壳宽 37.96 mm。贝壳呈纺锤形，壳质坚厚。壳面黄褐色，螺旋部较短，体螺层膨大，壳表粗糙，有 3 条突起的纵肋，上具强壮的短棘。壳口卵圆形，壳口外唇内侧形成缺刻，内唇较直，前沟呈细长的管状。

习性及分布: 据记载，主要分布在浙江以南海域。本次所获样品来自胶州湾掩网，可能随贝类苗种从南方带入，也可能因温度升高向北迁入。

红螺属 *Rapana* Schumacher, 1817

40. 脉红螺 *Rapana venosa* (Valenciennes, 1846)

俗名: 角泊螺、红螺、夹篓、夹菠萝拳。

采集时间地点: 2015－10，山东潍坊。

形态特征: 壳长 41.83 mm，壳宽 27.61 mm。贝壳呈拳头型，壳质坚厚。顶部尖小，体螺层膨大，螺肋和角状突起明显。壳表颜色花纹变化较多，通常为黄褐色，具有棕色或紫褐色点线花纹。壳口大，内呈鲜杏红色或黄白相间条纹，有光泽，外唇坚实有棱角，内唇光滑且下部略外翻。无脐孔。厣角质。

习性及分布：生活在潮间带至潮下带水深 20 m 的岩石岸区及泥砂质海底。卵袋呈黄色菊花状（见右下图）。在我国渤海、黄海和东海均有分布。

开发利用：个体大，肉味鲜美，含有丰富的蛋白质、核黄素等物质，是北方沿海重要的经济螺类。目前，已开展苗种培育及人工增养殖技术研究，也是很多双壳贝类增养殖过程中的敌害生物。其贝壳和厣有药用价值，壳还可作为贝雕工艺原料及供诱捕章鱼用。

图注：右下图为脉红螺的卵袋。

荔枝螺属 *Reishia* Kuroda & Habe, 1971

41. 疣荔枝螺 *Reishia clavigera* (Küster, 1860)

俗名：辣玻螺、辣螺、苦螺、辣屋子。

采集时间地点：2020－08，青岛崂山。

形态特征：壳长 30.58 mm，壳宽 21.17 mm。贝壳呈纺锤形，壳小而坚厚。螺旋部略高起，体螺层膨胀具深褐色疣状凸起。壳表粗糙，壳色多呈土黄、黄褐或紫褐色、褐青色。壳口卵圆形，外唇边缘具小齿，内唇光滑，淡黄色，下部略外翻。厣角质。

习性及分布：生活于潮间带中下区的岩礁缝隙和石块下方，喜群集生活。分布于我国南北沿海。

开发利用：该贝肉有"辣味"和特殊口感，加之营养丰富，广受人们喜爱，是人们赶海捡拾的常见贝类。贝壳可入药，主治颈淋巴结结核、甲状腺肿大等，有良好的清热解毒、消炎止肿效果。

42. 黄口荔枝螺 *Reishia luteostoma* (Holten, 1802)

俗名：黄螺、黄牛、辣螺。

采集时间地点：2015－07，青岛即墨。

形态特征：壳长 33.79 mm，壳宽 22.39 mm。贝壳呈纺锤状，壳质坚实。螺旋部高尖，体螺层较膨大，具明显的结节突起。壳面粗糙，具细密的螺肋和生长纹。壳面通常呈黄褐色并被紫褐色花纹。壳口呈卵圆形，内土黄色为主，外唇较薄具细齿，外缘有明显的突角，内唇轴光滑呈黄色，前水管沟短小稍向后部扭曲。厣角质。

习性及分布：生活于潮间带中、低潮区的礁石间。我国沿海均有分布。

开发利用：肉质鲜嫩，具有较高的经济价值。壳可入药，主治淋巴结结核、疮疡等，肉可治疗胆囊炎、高血压等疾病。

角口螺属 *Ceratostoma* Herrmannsen, 1846

43. 钝角口螺 *Ceratostoma burnettii* (Reeve, 1849)

俗名：三棱骨螺、辣螺。

采集时间地点：2015－07，青岛即墨。

形态特征：壳长 84.31 mm，壳宽 43.36 mm。贝壳近菱形，壳质坚厚，易被腐蚀。壳顶部圆锥状，体螺层膨大，前端收缩。螺层上有 3 条片状纵肋，常磨损。壳面为黄褐色。壳口卵圆形，内灰白色，外唇厚且周缘具齿，内

唇光滑，前沟延长为封闭的管状，前端向后方稍弯曲。厣角质。

习性及分布：生活于潮间带低潮区至水深 20 m 的岩石间或藻类丛生的环境中。分布于山东以北沿海。

开发利用：肉可食用。

44. 润泽角口螺 *Ceratostoma rorifluum* (Reeve, 1849)

俗名：辣螺、老婆眼儿。

采集时间地点：2019－05，山东滨州。

形态特征：壳长 44.35 mm，壳宽 23.56 mm。贝壳呈纺锤形，壳质坚厚。螺旋部较短，呈圆锥形，体螺层较高大，每层螺层上有 4 条较薄的片状纵肋，常磨损，肋间有结节突起。壳面粗糙，壳色灰白色或青灰色。壳口小，呈卵圆形，壳口边缘为白色，外唇厚且内缘具颗粒状小齿，内唇较平直光滑，前沟短，管状封闭。厣角质。

习性及分布：生活于潮间带低潮区或稍深的礁石间。分布于山东以北沿海。

开发利用：非习见种，肉可食用。

刍秣螺属 *Ocinebrellus* Jousseaume, 1880

45. 内饰刍秣螺 *Ocinebrellus inornatus* (Récluz, 1851)

采集时间地点: 2021－01，烟台长岛。

形态特征: 壳长 27.11 mm，壳宽 18.53 mm。壳呈菱形或纺锤形，壳质坚实。螺旋部呈阶梯状，体螺层较膨大。壳表呈灰黄色、灰白色或黄褐色，壳面有片状纵肋。壳口卵圆形，内面紫褐色或灰白色，外唇厚，内缘具颗粒小齿，内唇呈弧形且光滑，前沟较短，呈封闭细管状。厣角质。

习性及分布: 生活于潮间带低潮区及稍深海底的岩石间。我国黄海、渤海有分布。

核螺科 Columbellidae Swainson, 1840

小笔螺属 *Mitrella* Risso, 1826

46. 布尔小笔螺 *Mitrella burchardi* (Dunker, 1877)

采集时间地点：2014－04，山东潍坊。

形态特征：壳长 17.32 mm，壳宽 8.09 mm。贝壳呈长卵圆状，壳质结实。壳面平滑，仅在基部有细的螺旋沟纹。壳面呈灰黄色或淡褐色且具褐色花纹。壳口纺锤形，内有排列规则的细肋，外唇较直，内唇光滑，稍反折，前沟短，呈缺刻状。厣角质。

习性及分布：生活于潮间带至浅海泥沙质海底或岩石块的下面。分布于我国的渤海、黄海及东海。

47. 丽小笔螺 *Mitrella albuginosa* (Reeve, 1859)

俗名：丽笔核螺。

采集时间地点：2021－03，青岛即墨。

形态特征：壳长 19.93 mm，壳宽 7.16 mm。贝壳呈纺锤形，壳质厚实。壳体由顶部到基部逐渐膨大，壳面平滑，仅在基部有细的螺旋纹。壳面呈淡黄色或褐白色，伴有形状各异的褐色或紫褐色花纹。壳口稍扁小，内部色泽与壳面类似，前沟短呈缺刻状。厣角质。

习性及分布：生活于潮间带的岩石块下，喜群居。我国沿海均有分布。

织纹螺科 Nassariidae Iredale, 1916 (1835)

织纹螺属 *Nassarius* Duméril, 1805

48. 纵肋织纹螺 *Nassarius variciferus* (A. Adams, 1852)

俗名：海瓜子、海螺丝、海丁、海锥、海撒子。

采集时间地点：2016－05，山东东营。

形态特征：壳长 20.64 mm，壳宽 10.25 mm。贝壳呈短纺锤形，壳质结实。壳体纵肋明显并排列规则，具细的螺旋纹。每一螺层具 1 ～ 2 条白色的纵肋，个别个体没有。壳面灰黄色或黄白色，常被模糊的褐色螺带。壳口卵圆形，壳内颜色同壳体类似，外唇内缘具齿或不明显，内唇较光滑，稍反折，前沟短有缺刻。厣角质。

习性及分布：生活于沙和泥沙质的海底，从潮间带至潮下带水深 40 m 海底均有分布。为我国沿海常见种类，黄渤海及东海较常见。

开发利用：肉味鲜美，营养丰富，是一种深受大众欢迎的小型经济螺类，海边居民的休闲零食，具有较高的开发利用价值。

49. 平肩织纹螺 *Nassarius humeratus* J.-W. Yang & S.-P. Zhang, 2011

采集时间地点: 2019－04，威海荣成。

形态特征: 壳长 21.29 mm，壳宽 10.93 mm。壳呈长卵圆形，壳质略薄而坚。壳表光滑无肋，各螺层上部形成 1 个平直的肩角。壳面黄白色或黄褐色。壳口卵圆形，壳内颜色同壳表，外唇长弧形，内缘具小齿，上方有一明显的角状突起，内唇短弧形，白色，前水沟宽短呈缺刻状。厣角质。

习性及分布: 生活在潮下带的细沙质、软泥质或泥沙质海底。分布于我国黄渤海。

50. 红带织纹螺 *Nassarius succinctus* (A. Adams, 1852)

俗名: 麦螺。

采集时间地点: 2015－07，青岛即墨。

形态特征: 壳长 19.26 mm，壳宽 9.99 mm。贝壳呈短纺锤形，壳质结实。壳体中部光滑，壳顶部螺旋层有纵螺肋，壳前端有细的横螺肋。壳面黄白色与红褐色螺层相间排列。壳口卵圆形，颜色同壳表，外唇薄，内缘具齿，背侧有一粗大的黄白色纵肋，内唇短弧形，稍反折，前沟宽短有缺刻。厣角质。

习性及分布: 生活于潮间带低潮区至潮下带的泥质及泥沙质的海底。我国沿海均有分布，在黄渤海和东海较为习见。

开发利用: 含贝类毒素，为季节性有毒的织纹螺，应提高自我保护意识，不购买和食用红带织纹螺。

51. 半褶织纹螺 *Nassarius sinarum* (R. A. Philippi, 1851)

采集时间地点: 2016－05，山东滨州。

形态特征: 壳长 15.94 mm，壳宽 10.48 mm。贝壳卵圆形，壳质坚硬。壳表黄白色或紫褐色，具黄白色螺带。壳体具纵肋和细的螺纹，但壳体靠近外唇部光滑无肋。壳口扁圆形，颜色同壳表，外唇内缘具齿，内唇上颚具有一白色小齿，前水管沟短而宽，呈缺刻状。厣角质。

习性及分布: 食腐性动物，栖息于温带到热带地区的潮间带或稍深的泥沙质或泥质海底。渤海、黄海、东海均有分布，我国特有种。

开发利用: 含贝类毒素，是我国明令禁止销售、食用的一种贝类。

52. 秀丽织纹螺 *Nassarius festivus* (Powys, 1835)

俗名： 希来丽螺。

采集时间地点： 2016－05，山东滨州。

形态特征： 壳长 12.23 mm，壳宽 7.26 mm。贝壳呈长卵圆形，壳质坚硬，壳表黄褐色，有紫褐色螺带，表面粗糙，螺肋和纵肋交叉形成粒状突起。壳口卵圆形，颜色同壳体，外唇内缘具齿，内唇反折，轴唇具褶襞，前水管沟短而宽，呈缺刻状。厣角质。

习性及分布： 食腐性动物，生活于潮间带中、低潮区的泥质或泥沙滩。我国沿海均有分布。

开发利用： 季节性有毒织纹螺类，现未被开发利用。

网格织纹螺属 *Reticunassa* Iredale, 1936

53. 黄织纹螺 *Reticunassa hiradoensis* (Pilsbry, 1904)

采集时间地点： 2021－03，青岛即墨。

形态特征： 壳长 12.41 mm，壳宽 6.54 mm。贝壳呈长卵圆形，壳质薄但坚硬。壳体具有明显的纵肋和螺肋，两者交叉形成瘤状突起。壳面呈淡黄色，常隐约有细的紫褐色螺带，顶部常呈淡青黑色。壳口卵圆形，周缘具齿，前沟短而宽，呈缺刻状。厣角质。

习性及分布： 生活于潮间带中、低潮区的泥质或泥沙质滩上。在我国仅分布于黄渤海沿岸。

蛾螺科 Buccinidae Rafinesque, 1815

蛾螺属 *Buccinium* Linnaeus, 1758

54. 黄海蛾螺 *Buccinum yokomaruae* Yamashita & Habe, 1965

采集时间地点： 2019－04，威海荣成。

形态特征： 壳长 35.41 mm，壳宽 20.62 mm。壳呈卵圆形，壳质坚实。螺旋部圆锥状，体螺层膨大，螺层上的螺肋和肋纹交织形成细小的颗粒状突起。壳面呈淡黄色或褐色，并伴有不规则的白色斑块。壳口卵圆形，内部白色，外唇边缘具有弱的缺刻，内唇靠前段向内微凹陷，前沟短，呈缺刻状。厣角质，较小，不能盖住壳口。

习性及分布： 生活在潮下带的泥沙质或软泥质海底。分布于我国黄海海域。

55. 朝鲜蛾螺 *Buccinum koreana* Choe, Yoon & Habe, 1992

俗名：水泡蛾螺、尖角蛾螺、香波螺。

采集时间地点：2021－05，山东青岛。

形态特征：壳长 80.05 mm，壳宽 45.24 mm，螺层为 8 层。贝壳呈长卵圆形，壳质结实。螺旋部呈圆锥状，体螺层膨大。壳体具粗细不等的螺肋，有的形成肩角。壳面呈黄色或淡褐色，有的夹杂白色和棕色斑块。壳口呈梨形，壳内白色，外唇稍扩张，内唇前部稍反折，前水沟短宽，向后方弯曲。厣角质。

习性及分布：生活在潮间带低潮区至潮下带的泥沙质或石块质海底；在我国仅分布于黄海北部。

开发利用：肉可食，味鲜美。

平肩螺属 *Japelion* Dall, 1916

56. 侧平肩螺 *Japelion latus* (Dall, 1918)

采集时间地点：2019－04，青岛崂山。

形态特征：壳长 109.92 mm，壳宽 64.50 mm。壳呈长卵圆形，壳质略薄但结实。螺旋部高，呈阶梯状，螺层肩部凸出形成一窄的平面，体螺层膨大，壳面具螺旋肋纹和生长纹，外被有 1 层黄褐色壳皮。壳口大，卵圆形，壳内淡黄白色，外唇向外扩大，边缘上部有一小的凸角，内唇弧形，前沟短。厣角质。

习性及分布：生活在潮下带的泥沙质或软泥质海底。分布于我国黄海海域。

开发利用：个体大，肉质鲜美，可食用。

管蛾螺属 *Siphonalia* A. Adams, 1863

57. 褐管蛾螺 *Siphonalia spadicea* (Reeve, 1847)

采集时间地点： 2017－11，威海乳山。

形态特征： 壳长 60.37 mm，壳宽 27.08 mm。贝壳呈纺锤形，壳质结实。螺旋部较高，体螺层稍膨胀，壳面具有细密的螺肋和间肋。壳面灰白色并被有一层栗色表皮，易脱落。壳口呈扁卵圆形，内面淡黄色，外唇半弧形，内唇光滑稍弯曲。前沟延长并在前端稍弯向背方。厣角质。

习性及分布： 生活于潮下带的泥质或泥沙质海底。分布于我国黄海与东海。

香螺属 *Neptunea* Röding, 1789

58. 香螺 *Neptunea cumingii* Crosse, 1862

俗名：响螺、金丝螺、马螺。

采集时间地点：2020－12，青岛崂山。

形态特征：壳长 105.47 mm，壳宽 56.71 mm。贝壳较大，纺锤形，壳质结实。螺旋部和体螺层上部的肩角上具结节或片状突起，壳面具细螺肋和螺纹。壳面颜色多变，通常为黄褐色或黄白色，杂有褐色螺带或斑块。壳口大，呈倒水滴形，颜色同壳表，前沟延伸。厣角质。

习性及分布：生活在潮下带，水深数米至 80 余米的泥质或岩石质的海底。为北方种，在我国黄渤海沿海较常见。

开发利用：基本以捕捞为主，肉肥大，味鲜美，是一种重要的海产经济贝类，山东采捕的香螺大多运往南方销售，本地居民消费更青睐脉红螺。另外，其肉、贝壳和厣均可入药，具有清热明目、利膈益胃的功效。

脊蛾螺属 *Lirabuccinum* Vermeij, 1991

59. 小鼠脊蛾螺 *Lirabuccinum musculus* Callomon & Lawless, 2013

采集时间地点： 2019－12，烟台莱州。

形态特征： 壳长 36.69 mm，壳宽 14.59 mm。壳呈长纺锤形，壳质结实。螺旋部较高呈尖塔状，体螺层稍膨大，壳表具有明显的纵肋和螺旋肋。壳表呈淡黄色或黄褐色。壳口呈长卵圆形，内部淡黄色，外唇较薄，内唇光滑，轴唇微曲，前水沟稍长。厣角质。

习性及分布： 生活在潮下带的软泥质海底。分布于我国黄海北部。

涡蜀螺属 *Volutharpa* P. Fischer, 1856

60. 皮氏蛾螺 *Volutharpa perryi* (Jay, 1857)

俗名： 皮氏涡蜀螺、黏咕噜、老婆脚。

采集时间地点： 2015－11，青岛灵山湾。

形态特征： 壳长 42.27 mm，壳宽 31.62 mm。贝壳呈椭球形，壳质薄脆，易破损。螺旋部低小，体螺层膨大且圆。壳表黄白色，被黄褐色或黑褐色壳皮，生长纹细。壳口外扩较大，内灰白色，前沟短，呈 V 形缺刻。厣角质。

习性及分布： 生活于潮下带的软泥质海底。在我国仅分布于黄海北部。

开发利用： 个体足部肥大，味道鲜美，有“假鲍鱼”之称，是我国黄渤海常见的经济螺类。皮氏蛾螺营养丰富，含有多种生物活性物质，在海洋药物、保健品和化妆品开发中具有较大的潜力。

土产螺科 Pisaniidae Gray, 1857

甲虫螺属 *Cantharus* Röding, 1798

61. 甲虫螺 *Cantharus cecillei* (R. A. Philippi, 1844)

采集时间地点: 2015－09，青岛即墨。

形态特征: 壳长 29.85 mm，壳宽 17.44 mm。壳呈纺锤形，壳质坚厚。壳表粗糙，纵肋粗壮，螺肋细，壳面常被有一层黄褐色壳皮。壳色多为黄褐色或棕褐色。壳口呈长卵圆形，内白色，外唇内缘具齿，内唇基部具褶纹，前沟较短。厣角质。

习性及分布: 生活于潮间带中、低潮区岩石的缝隙间或石块下面。分布于我国南方和北方沿海。

开发利用: 沿海采捕的经济贝类之一，肉可食用。

盔螺科 Melongenidae Gill, 1871 (1854)

角螺属 *Hemifusus* Swainson, 1840

62. 管角螺 *Hemifusus tuba* (Gmelin, 1791)

俗名： 响锣。

采集时间地点： 2021－04，山东青岛。

形态特征： 壳长 183.05 mm，壳宽 716.55 mm。贝壳呈犁形或长纺锤形，壳质坚厚，两端较尖，中部膨大。贝壳表面被有一层黄褐色的茸毛外皮。螺肋明显，肩角突出，上有棘状突起。壳口大，上宽下窄，前沟长。厣角质。

习性及分布： 肉食性贝类，生活在近海约 10 m 的泥沙或泥质海底；分布于我国东南沿海。

开发利用： 软体部肥大，营养丰富，味道鲜美，是一种重要的经济螺类。该贝类为南方品种，但近期在青岛胶南沿海也能采捕到，可能与气候变化有关。

笔螺科 Mitridae Swainson, 1831

笔螺属 *Isara* H. Adams & A. Adams, 1853

63. 中国笔螺 *Isara chinensis* (Gray, 1834)

采集时间地点： 2019－05，青岛崂山。

形态特征: 壳长 72.63 mm，壳宽 22.13 mm。贝壳呈长纺锤形，壳质结实。螺旋部呈尖圆锥形，体螺层中部稍膨胀，基部收缩。壳面较平滑呈青褐色，壳表常被一层深褐色壳皮。壳口窄长，半月状，外唇较薄，内唇轴唇中部具 3 个明显的灰白色肋状突起。前沟宽短呈缺刻状。

习性及分布: 生活于潮间带的岩石间，非习见种。分布于我国黄海南部、东海及南海。

衲螺科 Cancellariidae Forbes & Hanley, 1851

金刚螺属 *Sydaphera* Iredale, 1929

64. 金刚螺 *Sydaphera spengleriana* (Deshayes, 1830)

又名: 金刚钠螺。

采集时间地点: 2015－11，青岛灵山湾。

形态特征: 壳长 29.17 mm，壳宽 14.55 mm。贝壳呈卵圆形，壳质结实。壳顶较尖，体螺层膨圆，壳面具有细密的螺肋和发达的纵肋，纵肋在螺层的肩角上形成小棘。壳面较粗糙，黄褐色或淡褐色。壳口卵圆形，内部淡黄色，外唇内缘具小齿，内唇较宽，向外反折，前沟短。

习性及分布: 生活于潮间带低潮区至潮下带的泥沙质海底。在我国分布于渤海至广东北部沿海。

开发利用：其肉可食。

三角螺属 *Scalptia* Jousseaume, 1887

65. 白带三角口螺 *Scalptia scalariformis* (Lamarck, 1822)

采集时间地点：2015－10，山东东营。

形态特征：壳长 23.70 mm，壳宽 12.70 mm，贝壳近纺锤形，壳质结实。螺旋部呈圆锥形，体螺层膨大，螺层呈台阶状排列，纵肋粗壮。壳面黄褐色或黄白色，伴有黄白相间的螺纹。壳口圆三角形，壳内白色，外唇内缘具小齿，内唇中部有 3 个明显的粗壮突起。

习性及分布：通常生活在潮下带水深 8 ～ 60 m 软泥及泥沙质的海底，在潮间带低潮区偶尔也能发现。我国南北沿海皆有分布，在黄渤海沿海较常见。

塔螺科 Turridae H. Adams & A. Adams, 1853 (1838)

异管塔螺属 *Paradrillia* Makiyama, 1940

66. 多变异管塔螺 *Paradrillia inconstans* (E. A. Smith, 1875)

采集时间地点： 2020－01，山东渤海湾。

形态特征： 壳长 7.66 mm，壳宽 2.68 mm。贝壳呈长纺锤形，壳质结实。壳面光滑，螺旋部较高，体螺层稍宽。表面具细密的螺肋和纵肋，交叉形成颗粒状突起。壳面黄白色或淡黄褐色。壳口月牙状，前水管沟宽短，呈缺刻状。厣角质。

习性及分布： 生活于水深数十米的泥沙质海底。分布于我国沿海各海域。

67. 颗粒异管塔螺 *Paradrillia patruelis* (E. A. Smith, 1875)

别名： 中国维斯螺。

采集时间地点： 2014－04，潍坊寿光。

形态特征： 壳长 19.49 mm，壳宽 6.88 mm。贝壳呈纺锤形，壳质结实。每一螺层有一串珠状突起，纵肋及螺肋明显。壳面较粗糙，黄褐色。壳口长卵圆形，壳内棕褐色，前水管沟短。厣角质。

习性及分布： 生活于潮下带的软泥或泥沙质海底。分布于我国黄海、东海和南海。

裁判螺属 *Funa* Kilburn, 1988

68. 杰氏裁判螺 *Funa jeffreysii* (E. A. Smith, 1875)

别名： 黄短口螺。

采集时间地点： 2015－09，青岛即墨。

形态特征： 壳长 54.49 mm，壳宽 18.54 mm。贝壳呈长纺锤形，壳质结实。螺层上具有明显的纵肋和细的螺肋，中部具肩角。壳面黄白色，每螺层具黄白相间的细螺纹。壳口细长梭形，外唇上部有一 V 型缺刻，前水管沟稍延伸。厣角质。

习性及分布： 生活于潮下带的软泥质及泥沙质海底。我国沿海均有分布。

黑潮塔螺属 ***Kuroshiodaphne*** **Shuto, 1965**

69. 棕带黑潮塔螺 *Kuroshiodaphne fuscobalteata* (E. A. Smith, 1879)

采集时间地点： 2015－09，青岛即墨。

形态特征： 壳长 17.06 mm，壳宽 5.59 mm。贝壳呈细纺锤形，壳质结实。螺旋部较高，体螺层稍膨大。壳表有明显纵肋，与螺肋交织成格子状。壳面黄褐色或灰黄色，螺带为棕褐色。壳口窄长，外唇弧形，内唇稍弯曲，前水管沟宽。

习性及分布： 生活于水深数十米的泥沙质海底。分布于我国黄海南部。

古若塔螺属 *Guraleus* Hedley, 1918

70. 肋古若塔螺 *Guraleus deshayesii* (Dunker, 1860)

别名： 肋芒果螺。

采集时间地点： 2020－01，山东渤海湾。

形态特征： 壳长 6.43 mm，壳宽 2.50 mm。贝壳呈纺锤形，壳质结实。螺层略膨圆，纵肋明显，螺肋粗细不均。壳面黄白色，并伴有褐色螺带。壳口窄长，壳内颜色同壳表，外唇上部具有一缺刻，内唇滑层稍厚，前沟短。

习性及分布： 生活于水深数十米的砂砾质海底。分布于我国黄渤海及东海。

笋螺科 Terebridae Mörch

双层笋螺属 *Duplicaria* Dall, 1908

71. 栗色笋螺 *Duplicaria badia* (Deshayes, 1859)

采集时间地点： 2015－11，青岛崂山。

形态特征： 壳长 42.53 mm，壳宽 10.55 mm。贝壳呈尖锥形，壳质结实。体表上纵肋较明显，壳面褐色或紫褐色，伴有细的白色螺带和较宽的棕褐色螺带。壳口窄长，内部紫褐色，外唇薄，内唇稍厚，前水管沟短，呈缺刻状。厣角质。

习性及分布：生活在潮间带至潮下带水深 40 m 左右的泥质和泥沙质海底。为黄渤海沿岸常见种，东海虽有，但较少见。

Partecosta Dance & Eames, 1966

72. 小笋螺 *Partecosta tantilla* (E. A. Smith, 1873)

采集时间地点：2020－01，山东渤海湾。

形态特征：壳长 6.41 mm，壳宽 1.85 mm。贝壳呈尖塔形，壳质稍薄。壳顶圆钝，纵肋与螺肋明显。壳面淡黄褐色，在缝合线下方有 1 条明显的褐紫色螺带。壳口长卵圆形，颜色同壳表，内唇在前段稍向外弯曲，前水管沟宽短，呈缺刻状。

习性及分布：生活在潮下带的软泥和泥沙质海底。分布于黄海中部。

小塔螺科 Pyramidellidae J. E. Gray, 1840

方尖螺属 *Tiberia* Jeffreys, 1884

73. 优美方尖螺 *Tiberia pulchella* (A. Adams, 1854)

采集时间地点： 2022－05，青岛即墨。

形态特征： 壳长 6.15 mm，壳宽 2.34 mm。小型贝类，呈圆锥形。壳质较厚，壳面黄褐色或灰褐色，螺旋部较高，体螺层较膨大，缝合线较明显，缝合线处有 1 条褐色的螺带。壳口卵圆形，壳内颜色同壳体，外唇较薄，内唇向外翻卷，有一齿状突起。

习性及分布： 主要分布在潮间带的砂质底。

腰带螺属 *Cingulina* A. Adams, 1860

74. 腰带螺 *Cingulina cingulata* (Dunker, 1860)

采集时间地点： 2022－05，青岛即墨。

形态特征： 壳长 7.50 mm，壳宽 2.14 mm。小型贝类，贝壳呈细长塔形。壳质较薄，半透明。壳体较光滑，螺肋明显，螺肋之间凹槽较宽，壳口处布较细密的螺肋。壳色呈淡黄色，从壳口到顶部逐渐加深。壳口卵圆形，壳内白玉色，壳周缘有缺刻。

习性及分布： 生活在潮间带至潮下带的细沙质底中。主要分布于我国的黄海和东海。

锥形螺属 *Turbonilla* Risso, 1826

75. 磅锥形螺 *Turbonilla punctiperpherarta* Nomura, 1936

采集时间地点： 2022－05，青岛即墨。

形态特征： 壳长 4.44 mm，壳宽 1.61 mm。小型贝类，呈长锥形。壳面白色，螺旋部较长，缝合线明显，螺层上纵肋明显，排列整齐，体螺层纵肋不突出。壳口卵圆形，外唇弧形，内唇下部稍向左前侧突出。

习性及分布： 栖息于潮间带石砾或泥砂质底。本种在中国沿海为首次报道。

76. 锥形螺属（未定种）*Turbonilla* sp.

采集时间地点： 2022－05，青岛即墨。

形态特征：壳长 2.64 mm，壳宽 0.92 mm。小型贝类，呈钝圆锥形。壳面呈灰褐色，半透明，壳顶钝圆，螺旋部较高，每个螺层较膨圆，缝合线较深，螺层上纵肋明显，排列规律。壳口卵圆形，外唇较薄，内唇下部往外翻卷。

习性及分布：主要分布在潮间带的砂质底。

齿口螺属 *Odostomia* Fleming, 1813

77. 褶齿口螺 *Odostomia plicata* (Montagu, 1803)

采集时间地点：2022－05，青岛即墨。

形态特征：壳长 4.07 mm，壳宽 1.60 mm。小型贝类，呈圆锥形，壳顶较钝。壳质较薄，半透明，壳色呈灰白色，壳面较光滑。螺旋部缝合线较明显，壳面被较细的螺肋。壳口呈长卵圆形或耳型，外唇边缘较薄。

习性及分布：主要分布在潮间带的沙滩中。本种在中国沿海为首次报道。

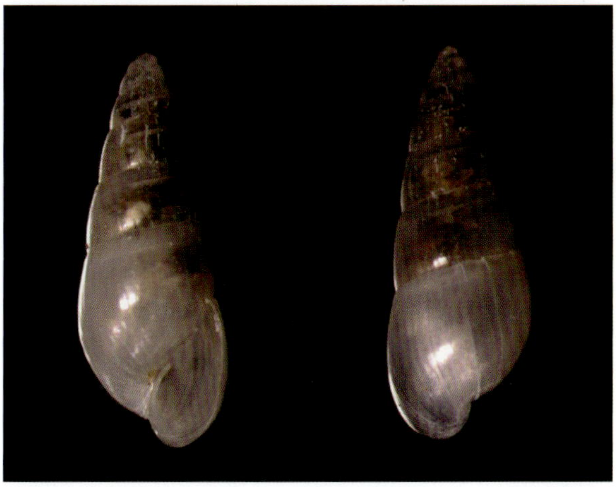

78. 齿口螺属 *Odostomia* sp.

采集时间地点：2022－05，青岛即墨。

形态特征：壳长 4.11 mm，壳宽 1.68 mm。小型贝类，呈纺锤形，壳顶较钝圆。壳质较薄，壳面白色，顶部偏淡灰色。螺旋部缝合线较明显，体螺层被不太明显的螺肋。壳口长卵圆形，唇边缘较厚，脐部突出一小齿。

习性及分布：主要分布在潮间带的沙滩中。

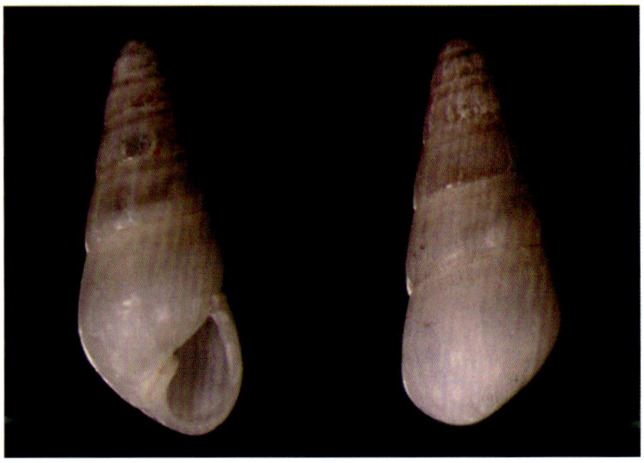

短齿口螺属 *Brachystomia* Monterosato, 1884

79. 小齿口螺 *Brachystomia angusta* (Jeffreys, 1867)

采集时间地点：2022－05，青岛即墨。

形态特征：壳长 2.65 mm，壳宽 1.25 mm。小型贝类，呈短纺锤形，壳质较薄，壳面滑亮。壳色呈灰白色或黄灰色，体螺层较螺旋部大，螺旋部缝合线明显，体螺层镶嵌白色的带状纹。壳口长卵圆形或耳形，外唇稍内卷，内唇中间有一突起。

习性及分布：栖息于潮间带石砾或泥砂质底。

巴倍螺属 *Babella* Dall & Bartsch, 1906

80. 雕刻巴倍螺 *Babella caelatior* (Dall & Bartsch，1906)

采集时间地点： 2022－05，青岛即墨。

形态特征： 壳长 2.39 mm，壳宽 1.22 mm。小型贝类，呈粗圆锥形。壳面呈纯白色，螺旋部大，缝合线处有 1 明显的环肋。两缝合线之间的螺带上纵肋明显且较宽，体螺层较小。壳口呈卵圆形，外唇有齿状突起，内唇中间突出一小齿。

习性及分布： 栖息于潮间带，有群居习性。本种在中国沿海为首次报道。

露齿螺科 Ringiculidae R. A. Philippi, 1853

露齿螺属 *Ringicula* Deshayes, 1838

81. 耳口露齿螺 *Ringicula doliaris* A. Gould, 1860

采集时间地点： 2020－01，山东渤海湾。

形态特征： 壳长 4.01 mm，壳宽 2.71 mm。贝壳呈卵圆形或拳头状，壳质厚且结实。螺旋部较小呈钝锥形，体螺层膨大呈球形。壳面白玉色，螺肋清晰。壳口呈耳形，内面白色，外唇与内唇均较厚，内唇具较粗大的齿。

习性及分布： 生活在潮间带至潮下带的泥沙质海底。分布于我国沿海各地。

长葡萄螺科 Haminoeidae Pilsbry, 1895

泥螺属 *Bullacta* Bergh, 1901

82. 泥螺 *Bullacta caurina* (W. H. Benson, 1842)

俗名：吐铁、泥蛳、泥糍、麦螺蛤、黄泥螺、泥蚂。

采集时间地点：2020－09，青岛即墨。

形态特征：壳长 15.10 mm，壳高 11.84 mm。贝壳呈卵圆形，壳质薄而脆，壳表螺纹明显，壳面黄褐色，壳内面均较光滑。

习性及分布： 潮间带底栖贝类，中低潮区泥沙质或泥质的滩涂上，退潮后在滩涂表面爬行。我国南方及北方沿海均有分布。

开发利用： 泥螺螺肉爽口、营养丰富，含有丰富的蛋白质、钙、磷、铁及多种维生素，是一种可以人工育苗及养殖的滩涂经济贝类。在山东的黄河三角洲一带产量较大，繁殖季节（7—8 月份）的分布密度约为 20 个 / m^2。由于泥螺繁殖较快，能分泌一种粘液，可能会对当地经济贝类形成资源与空间上的竞争，故引起了有关专家学者的关注。

囊螺科 Retusidae Thiele, 1925

囊螺属 *Retusa* T. Brown, 1827

83. 小囊螺 *Retusa minima* Yamakawa, 1911

采集时间地点： 2022－05，青岛即墨

形态特征： 壳长 4.77 mm，壳宽 2.33 mm。小型贝类，贝壳呈短圆柱形。壳质较薄，半透明。壳体光滑，生长纹细密，顶部较扁平，体螺层较膨胀。壳面呈淡白褐色。壳口狭长，由上到下逐步扩大，外唇较薄，上部凸出于壳顶之上，壳内白玉色，内唇稍弯曲，轴唇较厚，下部稍反折。

习性及分布： 主要生活在潮间带至潮下带浅水区的沙质底质中。分布于我国沿海。

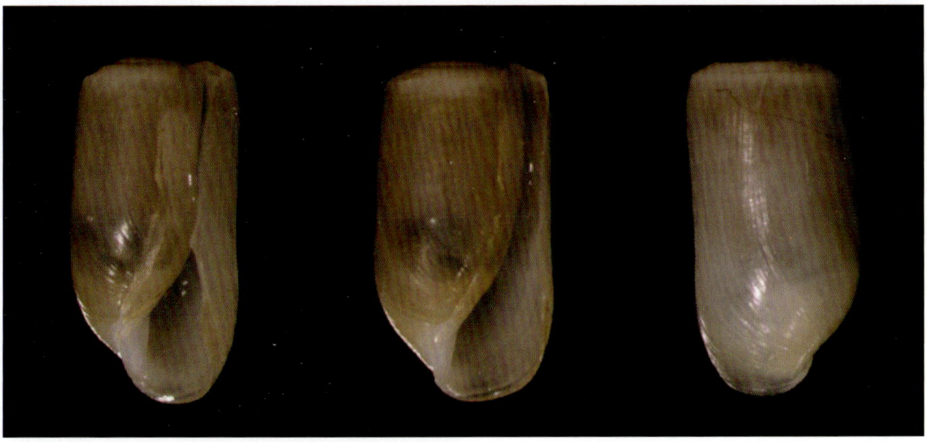

盒螺科 Cylichnidae H. Adams & A. Adams, 1854

拟捻螺属 *Acteocina* J. E. Gray, 1847

84. 燕麦拟念螺 *Acteocina avenaria* (Watson, 1886)

采集时间地点: 2022－05，青岛即墨。

形态特征: 壳长 2.6 mm，壳宽 1.21 mm。小型贝类，呈长卵圆形或圆柱形。壳面白色或灰白色，光滑，螺旋部小，顶部呈乳头状突起，体螺层大，占贝壳的绝大部分，生长纹较弱。壳口狭长，由底部向上逐渐变窄，内唇较厚，外唇边缘向内稍翻卷。

习性及分布: 栖息于潮间带石砾或泥砂质底。

饰孔螺属 *Decorifer* Iredale, 1937

85. 纵肋饰孔螺 *Decorifer matusimanus* (Nomura, 1939)

采集时间地点: 2022－05，青岛即墨。

形态特征: 壳长 2.08 mm，壳宽 1.15 mm。小型贝类，呈短圆柱形或圆筒形。壳质较薄，半透明，壳面白色，生长纹细密，螺旋部低矮，顶部呈乳头状，体螺层膨大，占壳体的绝大部分。壳口狭长，由上向下逐步扩张。

习性及分布: 主要分布在潮间带的细砂质底。

壳蛞蝓科 Philinidae Gray, 1850 (1815)

壳蛞蝓属 *Philine* Ascanius, 1772

86. 东方壳蛞蝓 *Philine orientalis* A. Adams, 1855

采集时间地点：2022－07，青岛红岛。

俗名：白泥蚂。

形态特征：壳长 21.80 mm，壳宽 15.44 mm。贝壳薄脆，半透明，易碎，呈卵圆形或方形。壳面呈亮白色，光滑，有珍珠光泽。螺旋层向内翻卷入体螺层内，体螺层膨涨，似指甲盖状，生长线纹明显。壳口宽大，由上往下逐步延展。

习性及分布：全国沿海均有分布。山东青岛胶州湾跨海大桥内外于 2022 年 6 月爆发性出现东方壳蛞蝓，拖网 40 分钟即可捕获 600 ~ 700 斤①。壳蛞蝓可直接吞噬菲律宾蛤仔幼体（见图，吞噬幼体壳长达 1.85 cm），导致胶州湾三分之一面积菲律宾蛤仔基本全部死亡，给养殖户造成巨大的经济损失。

图注：上层右图为东方壳蛞蝓的齿舌。

① 斤为非法定计量单位，1 斤 =0.5 千克。

侧鳃科 Pleurobranchaeidae Pilsbry, 1896

无壳侧鳃属 *Pleurobranchaea* Leue, 1813

87. 斑纹无壳侧鳃 *Pleurobranchaea maculate* (Quoy et Gaimard, 1832)

俗名：蓝无壳侧鳃、海蛞蝓。

采集时间地点：2020－05，青岛即墨。

形态特征：体呈椭圆形。无壳，身体肥厚。体色呈淡灰色或淡黄褐色，体表饰有紫色网纹，足底深褐色。

习性及分布：生活于潮间带岩石、海藻间及潮下带泥沙质海底。在我国沿海均有分布。

开发利用：经济价值不高，肉食性，为养殖贝类敌害。

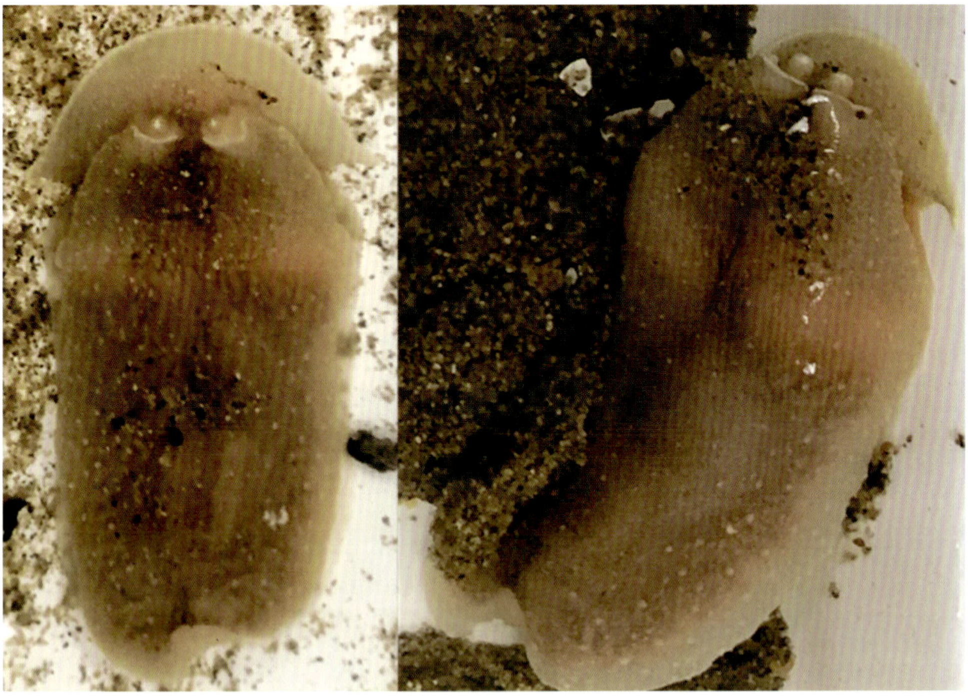

海牛科 Dorididae Rafinesque, 1815

石磺海牛属 *Homoiodoris* Bergh, 1881

88. 日本石磺海牛 *Homoiodoris japonica* Bergh, 1882

采集时间地点: 2021－04，青岛崂山。

形态特征: 壳长 66.76 mm，壳高 47.48 mm，壳宽 22.52 mm。体呈椭圆形，体背面有许多大小不等的泡状突起，似石磺。体色呈暗黄褐色，似海参。

习性及分布: 生活于潮间带至潮下带浅水区的礁石下，海边围堰养殖的海参池中可采捕到。在我国沿海均有分布。

开发利用: 具有药用价值，有益肾助阳之功效。

菊花螺科 Siphonariidae Gray, 1827

菊花螺属 *Siphonaria* G. B. Sowerby I, 1823

89. 日本菊花螺 *Siphonaria japonica* (Donovan, 1824)

采集时间地点：2021－06，青岛石老人。

形态特征：壳长 14.16 mm，壳高 10.90 mm，壳宽 5.91 mm。贝壳呈扁斗笠状或近似伞状，壳质较薄。壳表较粗糙，具有规则排列的较粗的放射肋，似菊花花瓣。壳外被黄绿色壳皮，壳顶多呈褐土色，壳内灰白色，周缘白褐色相间排列。

习性及分布：生活于潮间带高潮区的岩石上。分布于我国南方及北方沿海。

双壳纲 Bivalvia Linnaeus, 1758

双壳纲现生种类约 3 万种，全部水生，大部分海产，多数种类可食用。中国传统四大养殖贝类，如牡蛎、泥蚶、缢蛏和蛤仔都隶属此纲。双壳纲贝类两侧对称，少数不对称（如不等蛤、牡蛎等），身体侧扁，两枚发达的贝壳包围整个身体，因此得名双壳纲。头部不明显，身体腹面有如斧状的足，外套膜发达，并与内脏囊之间构成宽阔的外套腔，外套腔内有鳃。壳顶通常位于背缘前面或中央，壳面有同心生长轮脉、放射肋纹和各种花纹色彩。壳内有铰合齿或齿槽。韧带位于壳顶后方，包括内韧带和外韧带，连接着左右两壳。壳顶位置、铰合齿的数目和排列、闭壳肌痕和外套窦的形状和明显程度、韧带的有无等都是分类的重要依据。

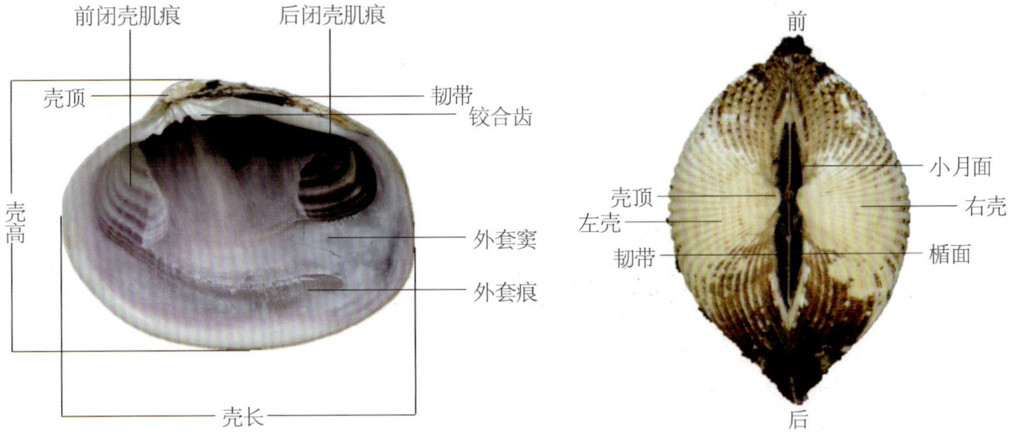

双壳纲动物形态结构示意图

胡桃蛤科 Nuculidae J. E. Gray, 1824

真胡桃蛤属 *Ennucula* Iredale, 1931

90. 豆形胡桃蛤 *Ennucula faba* (F.-S. Xu, 1999)

采集时间地点：2021－04，青岛崂山。

形态特征：壳长 10.16 mm，壳高 7.95 mm，壳宽 6.25 mm。壳呈卵圆形，近似豆形。壳体膨圆，生长纹较细。小月面细长，中部隆起。壳色黄白色或黄灰色，具珍珠光泽，铰合部前齿约 13 枚左右，后齿 6 枚左右。

习性及分布：生活于水深 25 m 以内的细粒沙软泥沉积区；我国地方种，我国沿海均有分布。

吻状蛤科 Yoldiidae Dall, 1908

云母蛤属 *Yoldia* Möller, 1842

91. 薄云母蛤 *Yoldia similis* Kuroda & Habe, 1961

采集时间地点：2021－04，青岛崂山。

形态特征：壳长 18.29 mm，壳高 9.12 mm，壳宽 4.33 mm。壳近似鸭嘴状。壳质薄脆，半透明，易碎。壳的前端圆，后端尖翘。壳面呈淡黄绿色，有光泽，生长线较细。

习性及分布：生活于水深 7 ～ 38 m 的软泥沉积区；我国黄海、渤海、东海均有分布。

蚶科 Arcidae Lamarck, 1809

蚶属 *Tetrarca* F. Nordsieck, 1969

92. 布氏蚶 *Tetrarca boucardi* (Jousseaume, 1894)

俗名: 羊蹄蛤、牛蹄蛤。

采集时间地点: 2021－01，烟台长岛。

形态特征: 壳长 21.57 mm，壳高 10.64 mm，壳宽 10.72 mm。壳近长方形或羊蹄形，壳质稍厚。壳顶尖，两壳壳顶相距较远，两壳腹缘对齐后中间有一裂缝，从壳顶到后腹缘有一条隆起的脊，铰合部直且长。壳表被棕色绒毛，放射肋细密，壳内白色或夹带紫色。

习性及分布: 生活于潮间带及潮下带至数十米深的礁石或石砾海域；以足丝附着在礁石、石块上生活。分布于我国渤海、黄海和东海。

毛蚶属 *Anadara* J. E. Gray, 1847

93. 魁蚶 *Anadara broughtonii* (Schrenck, 1867)

俗名：焦边毛蚶、大毛蛤、赤贝、血贝。

采集时间地点：2015－08，青岛崂山。

形态特征：壳长 98.69 mm，壳高 73.14 mm，壳宽 63.46 mm。壳较大，呈斜卵圆形，壳质坚厚，两壳极膨胀成近球体。壳顶膨大突出，壳的背部直，前端短圆，后端延伸呈斜截形，腹部圆弧形。壳表放射肋约 42 ~ 45 条，壳表被褐色壳皮，放射沟内有棕黑色绒毛，易脱落，壳内面白色。铰合部平直，齿小而细密。

习性及分布：生活于潮间带至数十米的浅海区，在水深 20 ~ 30 m 的软泥和泥砂质海底最常见。在我国主要分布于黄渤海，东海也有分布。

开发利用：本种个体大，肉味鲜美，是一种优质的高蛋白、低脂肪高值贝类，现已可进行人工育苗与增养殖，为我国北部沿海重要的经济贝类，成贝大多被加工成"蝴蝶贝"，畅销国内外市场，是我国出口率较高的水产品之一。目前国内的魁蚶育苗所采用的亲贝大多引自韩国，中国魁蚶种质资源亟待加强保护与科学开发利用。

94. 毛蚶 *Anadara kagoshimensis* (Tokunaga, 1906)

俗名：毛蛤、麻蛤、血蚌、毛蚬子、瓦楞子。

采集时间地点：2016－05，山东东营。

形态特征：壳长 52.36 mm，壳高 36.15 mm，壳宽 32.63 mm。贝壳中等大小，两壳膨胀。壳表放射肋较粗，约 31 ～ 34 条。壳面白色，壳表边缘处被以毛状棕色壳皮，壳内白色，壳内缘有排列规则的较粗的缺刻。铰合部平直，铰合齿小而细密。

习性及分布：生活于浅海水深 20 m 以内的泥砂底质中，以水深 2 ～ 10 m 处较多，亦常分布于潮间带下区。在我国的辽宁至广西沿海均有分布，莱州湾、渤海湾、辽东湾、海州湾等浅水区资源尤为丰富。

开发利用：毛蚶肉质鲜美，是我国重要的经济贝类之一，人工育苗及养殖技术已十分成熟。山东毛蚶的资源量在 20 世纪 70 年代达 80 万吨左右，滨州无棣贝壳堤岛的贝壳组成约 70% 是毛蚶壳。近几年,由于过度捕捞以及海洋空间资源被挤占等因素，导致毛蚶资源量锐减，据统计山东省毛蚶产量不足 1 万吨，主要产地是滨州海区。毛蚶除蒸煮后鲜食外，尚可晒制成干，贝壳可作电石、水泥的原料，也可粉碎后作为禽、畜饲料。

泥蚶属 *Tegillarca* Iredale, 1939

95. 泥蚶 *Tegillarca granosa* (Linnaeus, 1758)

俗名: 粒蚶、血蚶、毛嘎啦。

采集时间地点: 2015－10，山东潍坊。

形态特征: 壳长 26.82 mm，壳高 21.20 mm，壳宽 17.23 mm。贝壳较魁蚶和毛蚶小，壳质坚厚。两壳膨胀，壳顶尖而突出，壳前端圆，后端斜截形，背缘较直，腹缘弓形。壳表放射肋粗壮，约 17 ~ 20 条，肋上具结节。壳面白色，有的边缘处披棕色壳皮，壳内白色，有的顶部淡黄色。铰合部平直，铰合齿小而细密。

习性及分布: 生活于浅海区的泥质海底，河口区分布较多。分布于我国沿海各地。

开发利用: 肉味鲜美，在我国沿海各省均有养殖，养殖历史悠久，尤以浙江、福建和广东为盛。可鲜食或酒渍，亦可制成干品，蚶肉含多种蛋白质和维生素，是滋补佳品。壳为传统中药“瓦楞子”主要来源之一，有消血块和化痰积的功效。

细饰蚶科 Noetiidae R. B. Stewart, 1930

橄榄蚶属 *Estellarca* Iredale, 1939

96. 橄榄蚶 *Estellarca olivacea* (Reeve, 1844)

俗名：血蚶。

采集时间地点：2020－08，青岛即墨。

形态特征：壳长 22.23 mm，壳高 15.48 mm，壳宽 13.48 mm。贝壳小型，壳呈近卵圆形或长方形，壳质较薄。壳体较膨胀，壳顶钝而突出，腹缘较直，壳表披橄榄色壳皮，顶部白色。生长线与放射线均细密，两者相交成布目状刻纹。壳内面白色或灰白色。铰合部较平直，铰合齿细密。

习性及分布：生活于潮间带和潮下带泥质海底。在我国分布于福建平潭以北。

开发利用：肉质鲜美，饱含鲜红血液，营养丰富，具有很高的经济价值。由于资源量有限，供不应求，市场前景大，有待进一步开发利用。橄榄蚶在山东即墨丁字湾海区有分布，近两年取样统计的平均密度为 5 个 / m^2 左右，在采捕季节主要销售到江苏、浙江等南方市场。

贻贝科 Mytilidae Rafinesque, 1815

贻贝属 *Mytilus* Linnaeus, 1758

97. 紫贻贝 *Mytilus galloprovincialis* Lamaick, 1819

俗名：食用壳菜蛤、紫壳菜蛤、海红。

采集时间地点：2019－04，青岛崂山。

形态特征：壳长 56.55 mm，壳高 30.30 mm，壳宽 20.13 mm。壳呈楔形，壳质较轻薄。壳顶较尖，顶部膨圆，向后部逐渐扁平，背缘圆弧形，腹缘稍直。壳表具黑色或黑褐色壳皮，光滑，壳内灰白色或黑蓝色，壳面同心刻纹明显。铰合部具 2 ~ 5 枚小齿。足丝孔位于腹面，足丝发达。

习性及分布：生活于低潮带至浅海的岩礁质海底，以足丝营附着生活，对环境特别是温度的适应能力较强。我国沿海均有分布。

开发利用：味道鲜美、营养价值高，被誉为“海中鸡蛋”。紫贻贝是一种常见的经济贝类，在我国早已进行人工育苗和养殖，山东日照是其主养区，产量占全国总养殖产量的四分之一。除鲜食外，还可加工成干制品“淡菜”及各种类型的罐头。此外，紫贻贝还有很高的药用与食疗功效，其贝壳也可作电石、纽扣、贝雕、石灰、饲料和肥料等。

98. 厚壳贻贝 *Mytilus unguiculatus* Valenciennes, 1858

俗名：淡菜、海红。

采集时间地点：2021－01，烟台长岛。

形态特征：壳长 100.52 mm，壳高 51.00 mm，壳宽 38.12 mm。壳呈楔形，壳大而厚重，壳顶较尖，略向前弯曲，壳背缘弧形，壳背角明显，腹缘略直，后缘较圆。壳表具黑褐色厚的壳皮，易脱落，质地较粗糙，常披附着物，生长纹明显。壳内面紫褐色或灰白色，具彩虹珍珠光泽。铰合齿不发达。足丝孔位于腹面，足丝发达。

习性及分布：生活于潮间带和潮下带的岩礁质海底，以足丝附着于附养物上生活。分布于我国北黄海和福建东山以北。

开发利用：个体大，生长快，味道鲜美，营养价值高，具有滋补保健作用，是一种十分重要的食用贝类，经济效益为紫贻贝的 2 ～ 3 倍，为出口创汇产品。目前，已可进行人工育苗和养殖，主要在山东日照以南区域养殖。

偏顶蛤属 *Modiolus* Lamarck, 1799

99. 带偏顶蛤 *Modiolus comptus* (G. B. Sowerby III, 1915)

采集时间地点: 2022－03，青岛即墨。

形态特征: 壳长 33.83 mm，壳高 20.18 mm，壳宽 17.21 mm。贝壳小型，壳呈近似三角形，壳顶钝圆，稍前倾。壳质较厚，前部膨胀稍尖，后部扩张较宽，腹缘较直，背缘弧形有后背角。壳色呈橙褐色，壳表披褐色皮毛，壳内浅蓝紫色，有彩虹珍珠光泽。无铰合齿，足丝孔位于腹面，足丝发达。

习性及分布: 以足丝营附着生活。分布在我国的黄海、东海、南海。

Jolya Bourguignat, 1877

100. 长偏顶蛤 *Jolya elongata* (Swainson, 1821)

采集时间地点: 2015－04，青岛即墨。

形态特征: 壳长 44.32 mm，壳高 19.04 mm，壳宽 12.57 mm。壳近长方形或梯形，壳质薄脆。壳顶较小而圆钝，位于壳前端之后，腹缘略直，背缘直并与后缘相会处形成一个明显的钝角。壳皮呈褐色或深褐色，较光滑，具光泽，易脱落。贝壳内面多呈浅灰色或淡蓝灰色。

习性及分布：生活于低潮线至潮下带百米内的浅海泥沙底质，常以足丝与泥沙混合将贝壳包裹起来或半埋在泥沙中。分布于我国南方及北方沿海。

101. 偏顶蛤 *Modiolus modiolus* (Linnaeus, 1758)

俗名：毛海红、假海红。

采集时间地点：2021－01，烟台长岛。

形态特征：壳长 105.08 mm，壳高 51.43 mm，壳宽 44.33 mm。壳呈长卵圆形，壳质薄但坚硬。两壳较膨胀，壳顶钝圆而突出，位于壳的前端之后，背缘圆弧形，腹缘平直，中部微内陷。壳皮黑褐色，易脱落，生长线细密，壳内面灰白色，后部浅紫色。铰合部无齿。

习性及分布：暖温性底栖贝类，生活于潮下带的泥沙质海底，以足丝附着于岩石或其他附着基上。我国黄渤海有分布。

开发利用情况：肉肥大，可鲜食，也可加工成干品，是重要的经济贝类。

弧蛤属 *Arcuatula* Jousseaume, 1919

102. 凸壳肌蛤 *Arcuatula senhousia* (W. H. Benson, 1842)

俗名: 海瓜子、薄壳、海蛔、梅蛤、扁蛤、东亚壳菜蛤、薄壳米。

采集时间地点: 2014－04，潍坊寿光。

形态特征: 壳长 23.28 mm，壳高 12.13 mm，壳宽 8.17 mm。贝壳小型，近三角形，壳质薄脆。壳顶较突出，背缘弧形，腹缘较平直，中部微陷，壳表放射肋细密。壳面滑亮，为草绿色或绿褐色，杂有褐色波状花纹，壳内灰白色。

习性及分布: 生活于潮间带泥砂滩及潮下带浅水区。分布于我国沿海。

开发利用: 肉质鲜美，营养丰富，是沿海居民热衷食用的小型贝类之一。凸壳肌蛤亦是一种较为理想的活体饵料，可作为虾蟹等养殖品种的优质饵料生物。

荠麦蛤属 *Xenostrobus* B. R. Wilson, 1967

103. 黑荞麦蛤 *Xenostrobus atratus* (Lischke, 1871)

别名: 黑偏顶蛤。

采集时间地点: 1981－10，青岛胶南。

形态特征: 壳长 7.91 mm，壳高 4.65 mm，壳宽 3.39 mm。壳形小，呈近似三角形，壳质较厚。壳顶突出，位于近前端，背缘半圆弧形，腹缘内陷。壳面呈黑色或黑褐色，壳内灰紫色，后部亮铜色。铰合部无齿，足丝发达。

习性及分布：生活于潮间带，以足丝附着于礁石或牡蛎壳之上，我国沿海均有分布。

开发利用：肉可食用，味道鲜美，其壳与肉皆可入药，具有滋阴补血、益精补髓之效，同时可作为肥料或者家禽饲料。

江珧科 Pinnidae Leach, 1819

栉江珧属 *Atrina* Gray, 1842

104. 栉江珧 *Atrina pectinata* (Linnaeus, 1767)

俗名：江珧贝、带子、海簸箕。

采集时间地点：2021－04，青岛小港。

形态特征：壳长 260.00 mm，壳高 126.26 mm，壳宽 69.55 mm。贝壳大，呈近似直角三角形，壳质薄脆。壳顶尖细，壳体前部较窄，向后逐渐扩展。壳面呈黑褐色或褐绿色，放射肋明显，壳内近顶部有珍珠层，近壳缘处无珍珠层。铰合部位于壳背缘的全长。

习性及分布：生活于潮下带软泥底，壳顶部插入泥沙中，足丝附着于沙粒上。我国沿海均有分布。

开发利用：栉江珧属大型海产经济贝类，闭壳肌肥大，俗称江珧柱，味道鲜美，是名贵的水产品，可与海参鲍鱼相媲美。有关栉江珧的人工育苗技术已有新闻报道，但尚未产业化生产，是一种市场发展潜力较大的高值贝类。

扇贝科 Pectinidae Rafinesque, 1815

栉孔扇贝属 *Chlamys* Röding, 1798

105. 栉孔扇贝 *Chlamys farreri* (K. H. Jones & Preston, 1904)

俗名：扇贝、干贝蛤、海扇，青岛扇贝。

采集时间地点：2019－03，青岛崂山。

形态特征：壳长 67.31 mm，壳高 70.78 mm，壳宽 22.59 mm。贝壳呈扇形，两壳低扁，壳顶前耳较后耳大。左壳较凸，右壳较平，左壳放射肋粗疏，右壳放射肋较细密，两壳肋上均有棘状突起。壳色变化多样，一般为浅褐色或棕褐色，壳内面多呈粉白色。铰合部平直。

习性及分布：以浮游生物为食的暖温性贝类，栖息于低潮线到水下 50 m 处，以足丝附着于砂砾、岩礁上。渤海、黄海和东海（南麓岛）均有分布。

开发利用：营养丰富，味道鲜美，有很高的经济价值，是老百姓餐桌上常食用的水产品。20 世纪 70 年代，栉孔扇贝人工育苗和养殖技术研究获得成功，曾经引领了第三次海水养殖产业浪潮的发展。山东的长岛南五岛、蓬莱、荣成是其主养区。栉孔扇贝的闭壳肌称为干贝，是“八珍之一”，其壳可以制成贝雕等工艺品。

海湾扇贝属 *Argopecten* Monterosato, 1889

106. 海湾扇贝 *Argopecten irradians irradians* (Lamarck, 1819)

俗名：港湾扇贝、大西洋内湾扇贝。

采集时间地点：2020－09，青岛。

形态特征：壳长 52.34 mm，壳高 56.02 mm，壳宽 20.34 mm。贝壳呈近似圆形。壳面较凸，光滑，壳色有变化，多呈紫褐色、灰褐色或紫红色，壳内多呈白色。两壳壳表皆有放射肋，约 18 ～ 20 条左右，铰合部平直，较长。

习性及分布：属暖水滤食性贝类，多数分布在水深 3 ～ 10 m 处，适温范围广。原分布于大西洋沿岸，20 世纪 80 年代初引入我国，现主要分布在我国北部沿海。

开发利用：海湾扇贝以生长迅速著称，在我国北部沿海大规模养殖，是一种价值较高的经济贝类，山东莱州沿海是其主要养殖区域。目前我国北方市场主要养殖的海湾扇贝品种“渤海红”，是由从秘鲁引进的紫扇贝与海湾扇贝杂交选育的新品种（图片第二行）。海湾扇贝的加工利用率很高，闭壳肌可加工为冷冻鲜柱、罐头，外套膜可加工成贝边等。

掌扇贝属 *Volachlamys* Iredale, 1939

107. 平濑掌扇贝 *Volachlamys hirasei* (Bavay, 1904)

采集时间地点：1981－03，青岛胶南。

形态特征：壳长 38.04 mm，壳高 37.39 mm，壳宽 13.87 mm。贝壳呈扇形，壳质较厚。壳色有变化，呈乳白色或黄褐色，杂褐色或棕色斑块，壳内白色。壳表放射肋变化较大，或多或少，或粗或细。铰合部平直，较长。

习性及分布：生活于潮下带浅海泥或沙泥质底。我国渤海和黄海有分布。

盘扇贝属 *Mizuhopecten* Masuda, 1963

108. 虾夷盘扇贝 *Mizuhopecten yessoensis* (Jay, 1857)

俗名： 虾夷扇贝、夏威夷贝、夏夷贝。

采集时间地点： 2020－09，青岛。

形态特征： 壳长 89.27 mm，壳高 90.62 mm，壳宽 22.16 mm。贝壳大型，呈圆扇型。左壳扁平，右壳较凸出，壳顶两耳基本等大。左壳颜色多呈灰褐色或紫褐色，右壳多呈白色，壳内白色。左壳放射肋较右壳放射肋细。

习性及分布： 大型冷水性贝类，主要分布于太平洋北部水域，仅见于潮下带较深的海底，在风浪平静、水流畅通、食物丰富、底质为沙粒的内湾生长较好。

开发利用： 虾夷盘扇贝自 1981 年从日本引入我国北部沿海。其个体较大、营养丰富，现已在渤海及黄海北部形成规模化养殖，是我国北方重要的海水养殖贝类之一。山东的长岛北部海域是虾夷盘扇贝的主要育苗和保苗区。

不等蛤科 Anomiidae Rafinesque, 1815

不等蛤属 *Anomia* Linnaeus, 1758

109. 中国不等蛤 *Anomia chinensis* R. A. Philippi, 1849

采集时间地点：2020－05，青岛即墨。

形态特征：壳长 23.22 mm，壳高 23.81 mm，壳宽 8.50 mm。贝壳呈近似圆形，壳质薄。两壳不等，左壳稍凸，右壳扁平，左壳呈浅橘红色，右壳呈白色或者青白色，具珍珠光泽。右壳壳顶部有一较大的卵圆形的足丝孔。

习性及分布：栖息于潮间带，以石灰质的足丝固定于岩石上，终身不能移动。全国沿海都有分布。

牡蛎科 Ostreidae Rafinesque, 1815

巨牡蛎属 *Magallana* Salvi & Mariottini, 2016

110. 长牡蛎 *Magallana gigas* (Thunberg, 1793)

俗名：海蛎子、蛎黄、蚵或蚝。

采集时间地点： 2019－03，青岛崂山。

形态特征： 壳长 109.74 mm，壳高 47.75 mm，壳宽 31.30 mm。贝壳形状常随着生长环境变化而变化，多呈长卵圆形或长方形。壳质坚厚，壳面多呈黄褐色或灰褐色，有紫色和淡紫色斑块，壳内多呈灰白色，闭壳肌痕明显，呈淡紫色或褐黄色。壳表粗糙，布有薄片状鳞片。

习性及分布： 在潮间带和潮下带岩石上固着生活。我国沿海均有分布。

开发利用： 肉味鲜美，营养丰富，素有“海中牛奶”的美誉。因其具有生长速度快、成活率高等特点，是我国也是世界上养殖范围最广、养殖产量最大的海产经济贝类。主要在我国辽宁、山东等北方海区养殖，山东莱州、乳山、威海是其主产区，产量达 100 万吨左右。除鲜食外，还可速冻、制罐头、加工蚝豉和蚝油等。

111. 近江牡蛎 *Magallana ariakensis* (Fujita, 1929)

俗名：红肉、蚝、白蚝、海蛎子、蛎黄、蚵。

采集时间地点：2021 年，山东莱州。

形态特征：壳长 248.00 mm，壳高 92.19 mm，壳宽 58.19 mm。壳形多变化，呈圆形、卵圆形、三角形和长方形等。壳质坚厚，右壳较小，略扁平，表面环生薄而平直的鳞片，无放射刻纹，低龄贝的鳞片平、薄、脆，高龄贝鳞片层层相叠。左壳较右壳厚大，壳面上的同心鳞片层次较少。壳面有灰、青、紫、棕黄等颜色，壳内面白色，边缘处有时为淡紫色。韧带长而阔，紫黑色。闭壳肌痕大，一般为卵圆形或肾脏形，位于中部后背侧。

习性及分布：生活于沿海河口的半咸水中，自然种群在山东小清河口产量较大。分布于全国沿海河口区。

开发利用：肉味鲜美，营养丰富，是一种重要的经济贝类。近江牡蛎形成的牡蛎礁，不但可净化水体、耦合能量、消氮固碳等，还为其他生物提供庇护以及孵幼等场所，其生态学功能堪比热带海区的珊瑚礁。目前，近江牡蛎苗种规模化繁育与种培技术已经突破。

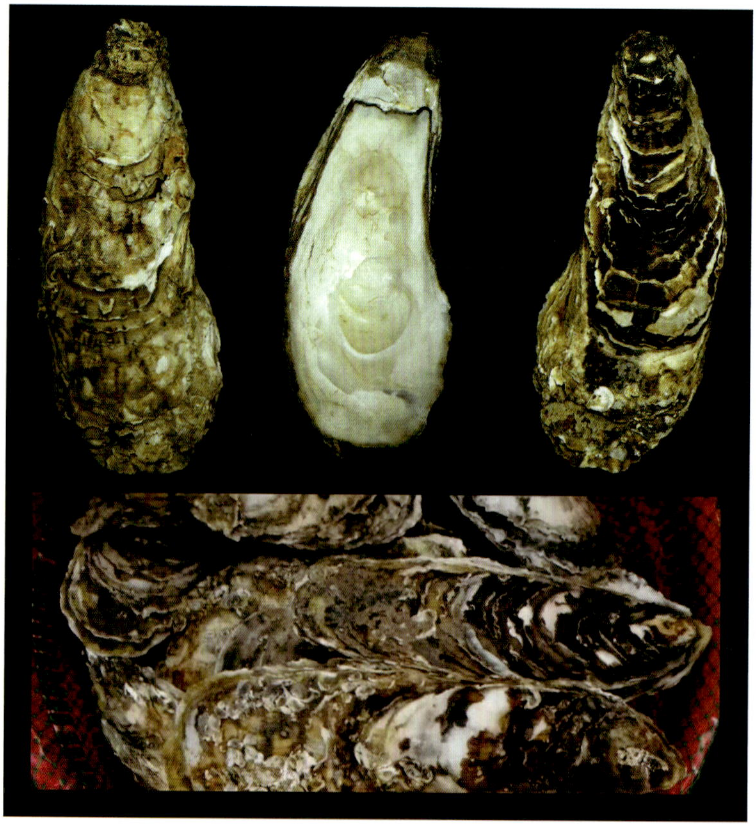

牡蛎属 *Ostrea* Linnaeus, 1758

112. 密鳞牡蛎 *Ostrea denselamellosa* Lischke, 1869

俗名： 蠔蛎子、板蛎子、麻蛎子。

采集时间地点： 2014－05，青岛团岛。

形态特征： 壳长 122.50 mm，壳高 96.97 mm，壳宽 48.63 mm。壳近卵圆形，壳质坚厚。右壳较扁平，在边缘处有以覆瓦状紧密排列着的鳞片，左壳略中凹，壳色以灰白色为主，壳内面白色。壳顶腔较浅，闭壳肌痕大。

习性及分布： 生活于潮下带泥沙质海底，凭借左壳顶部营固着生长。我国沿海均有分布。

开发利用： 肉可鲜食，也可加工为蚝豉和蚝油，由于生长速度较慢，市场开发前景一般。另外，密鳞牡蛎还具有药用食疗价值，其壳是制石灰、电石、水泥的原料。

爪牡蛎属 *Talonostrea* X.-X. Li & Z.-Y. Qi, 1994

113. 猫爪牡蛎 *Talonostrea talonata* X.-X. Li & Z.-Y. Qi, 1994

采集时间地点： 2021－03，青岛即墨。

形态特征： 壳长 30.78 mm，壳高 20.66 mm，壳宽 7.08 mm。贝壳小型，壳形呈爪状，壳质较薄。壳面光滑，壳缘有 5 ~ 8 个突起，形似猫爪。壳面紫红色，壳内面白色或淡紫色，壳顶腔较浅。

习性及分布： 固着在潮间带中、下区的沙滩或泥沙滩的小石块上。分布于我国沿海浅水区。

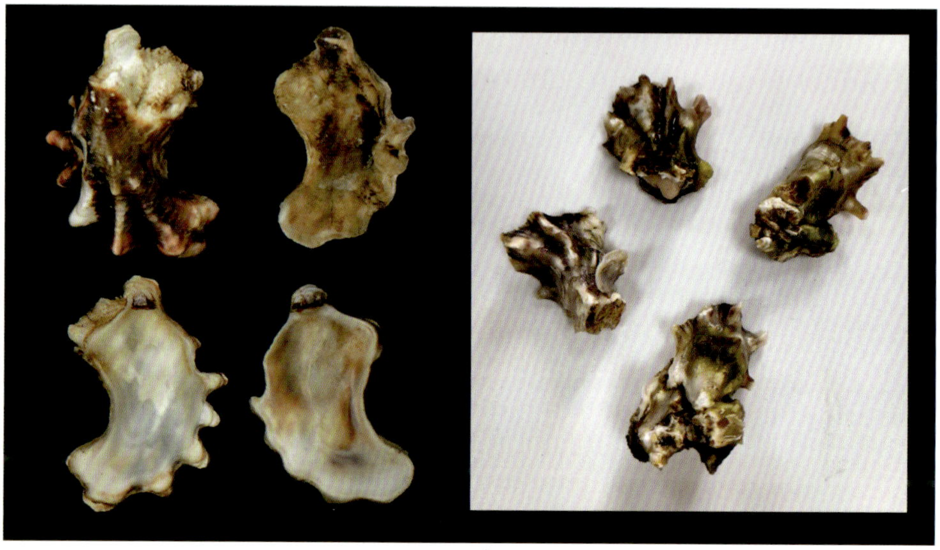

鸟蛤科 Cardiidae Lamarck, 1809

薄壳鸟蛤属 *Fulvia* J. E. Gray, 1853

114. 滑顶薄壳鸟蛤 *Fulvia mutica* (Reeve, 1844)

采集时间地点： 2019－04，烟台莱州。

形态特征： 壳长 23.8 mm，壳高 21.51 mm，壳宽 14.27 mm。贝壳呈圆扇形，壳质薄脆。壳顶较凸圆且稍前倾，壳表光滑，放射肋约 50 条，由壳顶到壳周围逐

渐明显。壳面呈淡黄白色，具粉色环纹，壳顶淡褐色。壳内颜色同壳表，外韧带较发达，凸出于壳面之上。

习性及分布：生活在浅海沙质海底，主要分布在我国的黄海区域。

开发利用：足部发达，肉质鲜美，具有较大的开发利用前景。

扁鸟蛤属 *Keenocardium* Kafanov, 1974

115. 加州扁鸟蛤 *Keenocardium californiense* (Deshayes, 1839)

俗名：乌贝。

采集时间地点：2020－12，青岛即墨。

形态特征：壳长 62.05 mm，壳高 57.89 mm，壳宽 40.44 mm。贝壳卵圆形，壳质坚厚，两壳近相等。壳顶前倾，顶部较膨圆。壳表放射肋较粗，40 条左右，生长轮纹明显。壳面平滑，暗褐色，壳内灰白色。外韧带黑褐色，突出于壳面之上。

习性及分布：生活于潮下带，水深 20 ～ 70 m 的海底，我国黄海冷水团控制区有分布。

开发利用：肉质细嫩，味美可口，营养丰富，食用价值高，是我国内销和出口的重要水产品之一。目前，虽然进行了人工育苗技术研究，但仍以捕捞野生乌贝为主。

蛤蜊科 Mactridae Lamarck, 1809

蛤蜊属 *Mactra* Linnaeus, 1767

116. 中国蛤蜊 *Mactra chinensis* R. A. Philippi, 1846

俗名： 飞蛤、沙蛤、沙嘎啦、黄蚬子。

采集时间地点： 2020－05，山东日照。

形态特征： 壳长 39.51 mm，壳高 29.73 mm，壳宽 19.45 mm。贝壳略呈圆三角形，壳质薄但较坚硬。壳顶小月面和楯面呈长心形，壳表生长纹明显。壳面光滑，呈黄褐色或灰褐色，从壳顶到腹缘隐约可见白色放射线，壳内面白色或浅蓝色，外套窦短棒状。

习性及分布： 我国北方常见种，底栖型贝类。多生活于潮间带到水下 30 m 的沙质沉积区。分布于我国南北沿海。

开发利用： 是山东省重要的滩涂经济贝类之一，味道鲜美，出肉率高，目前其人工育苗技术已取得突破，市场前景广阔。

117. 四角蛤蜊 *Mactra quadrangularis* Reeve, 1854

俗名：白蚬子、泥蚬子，白嘎啦头。

采集时间地点：2016－05，山东东营。

形态特征：壳长 33.70 mm，壳高 30.91 mm，壳宽 21.27 mm。贝壳近似四角形，壳质较薄。两壳极膨胀，壳顶突出，小月面心形，楯面长心形。壳表白色或淡黄色，腹缘处常黄褐色或灰褐色，有的壳顶部呈淡紫色，贝壳内面白色，外套窦较宽短。

习性及分布：生活于潮间带到水下 20 m 深处，以潮间带中下区数量较大，栖息于沙质海底。我国从辽宁向南至广东雷州半岛均有分布。

开发利用：肉可供食用，鲜美可口，是一种重要的滩涂经济贝类，是山东渤海湾滩涂增殖的主要贝类之一。四角蛤蜊具有较高的药用价值，有滋阴、利水、化痰的功效，其壳具有清热、利湿、化痰、软坚的作用。

118. 西施舌 *Mactra antiquata* Spengler, 1802

俗名：车蛤、沙蛤、贵妃蚌。

采集时间地点：2015－10，山东日照。

形态特征：壳长 78.22m，壳高 64.95 mm，壳宽 42.79 mm。贝壳大型，略呈三角形。壳质薄但较坚硬，壳顶凸出，较膨圆，小月面长心形，楯面长针叶状。壳表呈淡黄褐色，壳顶部多呈淡紫色，壳内淡灰紫色，外套窦较短粗。铰合部的韧带槽较大，左壳主齿人字形，右壳为八字形。

习性及分布：底栖型贝类，生活于潮间带的泥沙质海底。我国南北沿海都有分布。

开发利用：西施舌足部肌肉发达，肉味极鲜美，是一种经济价值很高的名贵贝类，在山东日照、胶南两地分布最多。我国西施舌人工育苗技术现已取得成功，但截止目前未形成规模化养殖生产，因其市场价格较高，是一种值得开发利用的高值贝类。

斧蛤科 Donacidae J. Fleming, 1828

斧蛤属 *Donax* Linnaeus, 1758

119. 九州斧蛤 *Donax kiusiuensis* Pilsbry, 1901

俗名：瘦斧蛤。

采集时间地点：1981－06，青岛胶南。

形态特征：壳长 8.51 mm，壳高 4.65 mm，壳宽 2.38 mm。壳小型，呈近三角形，壳质厚。壳的前背缘略圆，后背缘较平直，腹缘弓形，壳表具同心生长线，从顶部到腹部有隐约的放射纹。壳面光滑，常呈白色杂褐色斑纹，有珍珠光泽，壳内白褐色，外套窦宽，顶端圆。

习性及分布：生活在潮间带沙及砂砾中，我国黄渤海及台湾海域有分布。

樱蛤科 Tellinidae Blainville, 1814

彩虹樱蛤属 *Iridona* M. Huber, Langleit & Kreipl, 2015

120. 彩虹明樱蛤 *Iridona iridescens* (W. H. Benson, 1842)

俗名: 海瓜子、梅蛤、扁蛤、黄蛤。

采集时间地点: 2009－11，山东青岛。

形态特征: 壳长 19.95 mm，壳高 13.33 mm，壳宽 6.55 mm。壳呈三角形或近长椭圆形，壳质薄脆，易碎。壳表有细的同心纹，壳前背部圆钝，后背部较尖，具后褶。壳面光滑，粉白色，有光泽。壳内面外套窦长舌状。

习性及分布: 生活于潮间带。分布于我国渤海、黄海和东海。

开发利用: 营养丰富，肉质细嫩，味道鲜美，富含蛋白质、铁、钙等多种营养成分，是一种广为人们所喜爱的小型滩涂经济贝类。目前，已可进行人工育苗和养殖。

121. 扁角蛤 *Iridona compressissima* (G. B. Sowerby II, 1869)

采集时间地点: 2016－05，山东东营。

形态特征: 壳长 26.16 mm，壳高 15.24 mm，壳宽 4.08 mm。贝壳近椭圆形，壳质薄脆。壳顶低平而后倾，两壳扁平，前背缘较后背缘略圆，壳表生长纹细密，从壳顶到后背缘腹部有一条隆起的脊，后背缘部有褶纹，略粗糙。壳面光滑，有珍珠光泽，呈白玉色，壳内面颜色同壳表，外套窦大而深，舌状，外韧带黄褐色。

习性及分布: 生活于潮间带沙质区。我国地方种，分布于我国渤海和黄海。

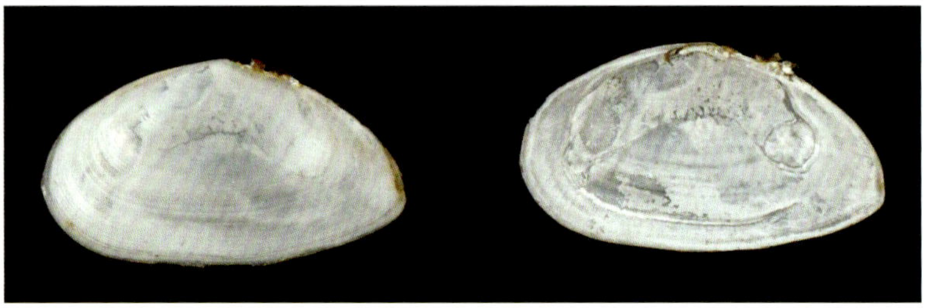

明樱蛤属 *Moerella* Fischer, 1887

122. 江户明樱蛤 *Moerella hilaris* (Hanley, 1844)

俗名: 桃花樱蛤。

采集时间地点: 2015－04，青岛即墨。

形态特征: 壳长 20.1 mm，壳高 12.0 mm，壳宽 5.41 mm。壳呈三角形或近长椭圆形，壳质薄脆。壳顶低而后倾，壳前端宽而圆，后部短而细。壳表呈白色或淡红色，生长纹细密，壳后部的放射褶不明显。壳内白色，外套窦深，外韧带突起。呈淡黄色。

习性及分布: 生活在潮间带和潮下带的泥质或泥沙质海底。分布于我国渤海、黄海和东海。

吉樱蛤属 *Jitlada* M. Huber, Langleit & Kreipl, 2015

123. 红明樱蛤 *Jitlada culter* (Hanley, 1844)

采集时间地点：2016 – 05，山东东营。

形态特征：壳长 17.87 mm，壳高 11.75 mm，壳宽 5.13 mm。壳呈卵圆形或近椭圆形，壳质较薄脆。壳的后端偏向右，壳顶尖而后倾，壳前部宽圆，后部较尖。壳面白色或粉红色，有光泽，同心纹清晰，壳内面颜色同壳表，外套窦深且大，外韧带黄褐色。

习性及分布：生活于潮间带泥沙底质海底。我国沿海均有分布。

Hanleyanus M. Huber, Langleit & Kreipl, 2015

124. 拟衣角蛤 *Hanleyanus vestalioides* (Yokoyama, 1920)

采集时间地点：2015 – 04，青岛即墨。

形态特征：壳长 44.52 mm，壳高 26.70 mm，壳宽 10.25 mm。壳近椭圆形或长方形，壳质较厚。两壳不能密闭，前背缘较平直，后背缘末端向上微翘。壳表生长纹细密，后背部与腹缘交会处有凹陷且生长纹粗糙。壳面光滑，有光泽，呈淡粉白色，顶部颜色加深，壳内面颜色同壳表。外套窦宽大，外韧带黄褐色。

习性及分布：生活于水深 20 ~ 63 m 的区域。我国与日本特有种。分布于我国东海和黄海。

白樱蛤属 *Macoma* Leach, 1819

125. 异白樱蛤 *Macoma incongrua* (E. von Martens, 1865)

采集时间地点： 2019－09，烟台莱州。

形态特征： 壳长 27.83 mm，壳高 21.29 mm，壳宽 10.08 mm。贝类中等大小，呈圆三角形，近似等边三角形，贝壳较坚硬。壳顶较圆钝，前段较圆，后部褶皱明显，生长纹清晰。壳表较光滑，周缘较粗糙，壳色呈粉白色，壳周边披黄褐色壳皮。壳内白色，中部颜色加深，呈淡黄褐色。

习性及分布： 主要生活在潮间带的泥沙或石砾质海底。主要分布在我国北部沿海。

异白樱蛤属 *Heteromacoma* Habe, 1952

126. 粗异白樱蛤 *Heteromacoma irus* (Hanley, 1845)

采集时间地点： 1982－05，山东烟台。

形态特征： 壳长 28.31 mm，壳高 23.14 mm，壳宽 11.83 mm。壳呈三角卵圆形，壳质坚厚。壳顶略前倾，小月面小而内陷，壳的前端较圆，后端较尖。壳表尤其在壳周围较为粗糙，生长线突起，壳面淡黄白色，壳内面颜色同壳表。外套窦宽大，外韧带黄褐色，夹在两壳之间。

习性及分布： 生活于粗砂及砾石间。我国黄海、渤海有分布。

双带蛤科 Semelidae Stoliczka, 1870 (1825)

理蛤属 *Theora* H. Adams & A. Adams, 1856

127. 理蛤 *Theora lata* (Hinds, 1843)

别名: 脆壳理蛤。

采集时间地点: 2020 – 01，山东渤海湾。

形态特征: 壳长 14.48 mm，壳高 8.3 mm，壳宽 3.57 mm。壳呈长卵圆形，似鸭嘴状。壳质薄，两壳扁平，半透明。壳顶稍向后倾，壳前端半圆形，后端较尖长，腹部弧形，生长纹细密。壳面光滑，有光泽，多呈灰白色或淡黄色，壳内面白色。外套窦较长，延伸超过壳的中部。

习性及分布: 生活于水深 10 ～ 63 m 处；我国沿海均有分布。

紫云蛤科 Psammobiidae J. Fleming, 1828

圆滨蛤属 *Nuttallia* Dall, 1898

128. 紫彩血蛤 *Nuttallia ezonis* Kuroda & Habe, 1955

俗名：扇子面、紫蛤蜊。

采集时间地点：2021－01，山东日照。

形态特征：壳长 55.10 mm，壳高 40.56 mm，壳宽 17.04 mm，贝壳呈卵圆形，似扇面，壳质较轻薄。左壳稍凸，右壳扁平，壳前端较圆，后端较尖。壳面光滑，光泽明显，披紫色、紫褐色或黄褐色壳皮，并环绕黄褐色或紫褐色纹带。生长线明显且细密，自壳顶到后背腹部有 2 条不明显的色带。壳内白紫色，外套窦宽而长，外韧带棕褐色，极突出。

习性及分布：栖息于淡水注入的潮间带沙质区。在我国大连至江苏沿海均有分布。在山东仅分布在烟台牟平、青岛即墨、日照两城等河口区域，分布在滩面以下 15 cm 左右。

开发利用：壳薄味鲜，出肉率高，香气浓郁，属名贵食用贝类，经济价值较高，山东烟台、日照等地已开展了人工育苗技术研究，但目前尚未实现规模化生产，是人工养殖的优良潜力品种。

竹蛏科 Solenidae Lamarck, 1809

竹蛏属 *Solen* Linnaeus, 1758

129. 长竹蛏 *Solen strictus* A. Gould, 1861

俗名： 竹蛏、大蛏子。

采集时间地点： 2020－09，青岛崂山。

形态特征： 壳长 99.17 mm，壳高 12.57 mm，壳宽 10.29 mm。贝壳细长，呈圆筒状，壳质薄脆。壳的前后端呈斜截形，背缘与腹缘平行。壳表光滑，生长纹明显，壳面被黄绿色壳皮，壳内面灰白色。外套窦浅。

习性及分布： 生活于潮间带的泥沙质海底。分布于我国南北沿海。

开发利用： 肉可食用，味道鲜美，是一种重要的经济贝类，可进行人工育苗与增养殖。同时还具有清热、明目、止渴和解酒等药用价值。

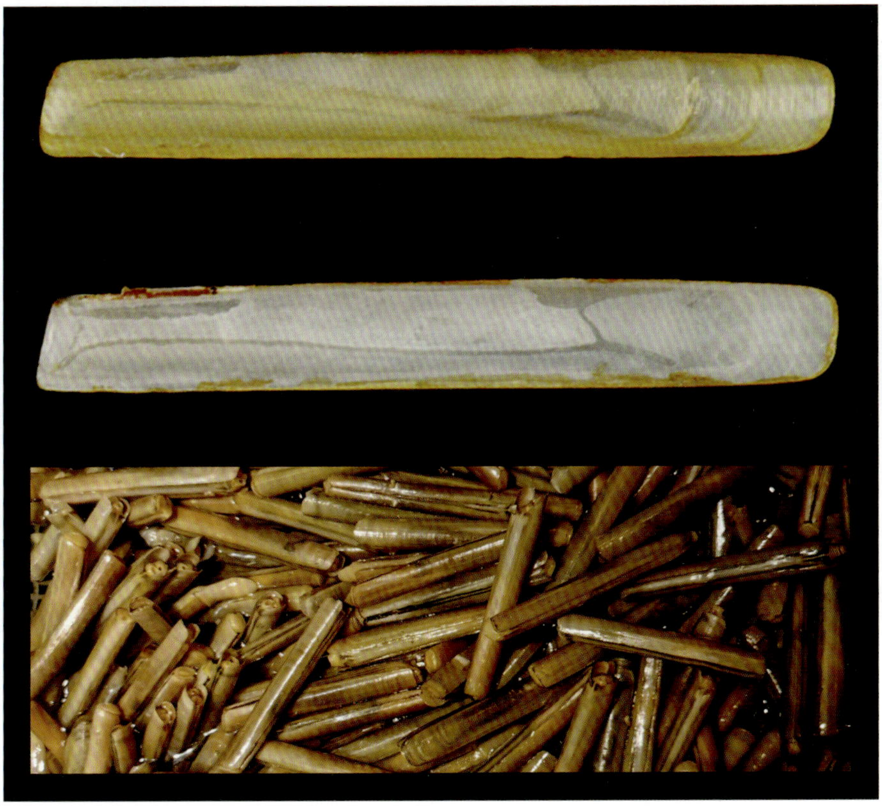

130. 大竹蛏 *Solen grandis* Dunker, 1862

俗名：竹蛏、大蛏子。

采集时间地点：2020－09，青岛崂山。

形态特征：壳长 84.89 mm，壳高 19.83 mm，壳宽 13.16 mm。贝壳较大，呈圆柱状，壳质较薄脆。两端开口，壳顶位于背部最前端，前段截形，后端圆弧形，壳表生长纹明显，壳面光滑，具光泽，披黄褐色壳皮，顶部淡紫色，易脱落，壳内部淡白紫色。外韧带黑褐色，前细后粗，突出壳面之上。

习性及分布：生活于潮间带中、下区及潮下带浅水区以沙为主的沉积环境中。全国沿岸均有分布。

开发利用：本种个体肥大，味道鲜美，营养丰富，是我国沿海重要的高值经济贝类，可进行人工育苗和增养殖。富含蛋白质、钙、铁、硒、维生素 A 等营养元素，具有补阴，清热，除烦，解酒毒等功效。

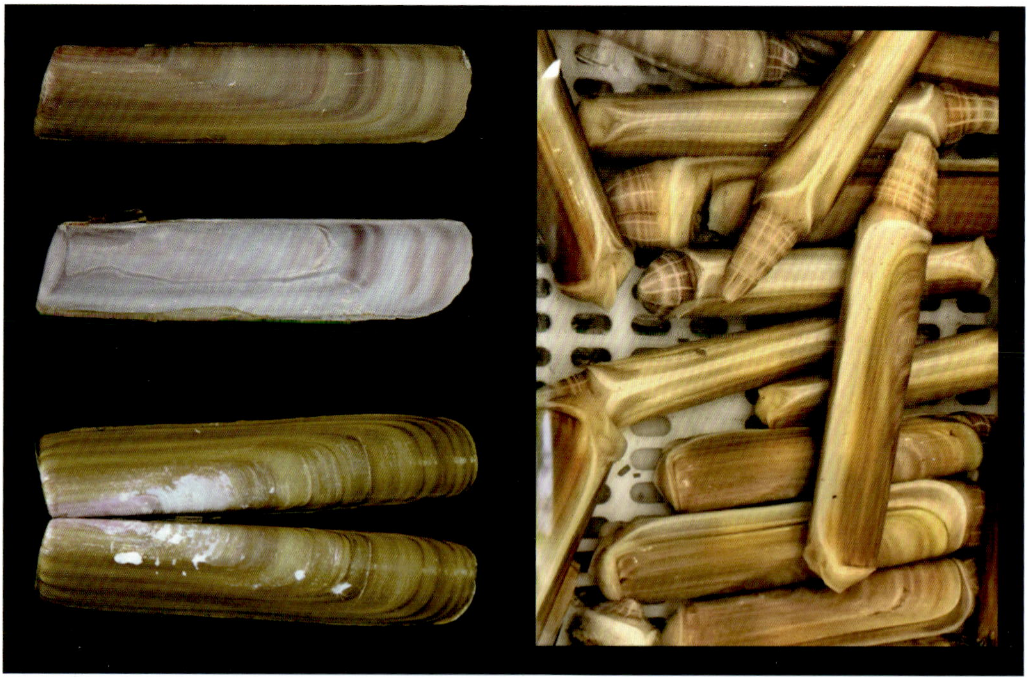

灯塔蛤科 Pharidae H. Adams & A. Adams, 1856

缢蛏属 *Sinonovacula* Prashad, 1924

131. 缢蛏 *Sinonovacula constricta* (Lamarck, 1818)

俗名：蛏子，小人鲜。

采集时间地点：2019－03，青岛崂山。

形态特征：壳长 74.39 mm，壳高 25.43 mm，壳宽 16.39 mm。壳略呈长方形，壳质较薄脆。壳顶位于近前段 1/3 处，两壳不能闭合，壳前、后端均较钝圆，腹缘较平直，在中间稍有凹陷，壳表生长纹明显。壳面粗糙，披黄褐色壳皮，顶部常磨损成白色，壳内面白色。外韧带短小，黑褐色，突出于贝壳之上。

习性及分布：生活于有淡水注入的潮间带中、下区及河道中。潜入底内的深度有季节性变化，夏天浅，冬季较深，一般为 10 ～ 20 cm。分布于我国的渤海、黄海、东海、南海。

开发利用：生长快，养殖周期短，肉味鲜美，产量较大，具有较高的市场价值，人工育苗和养殖技术比较成熟，是一种重要的养殖贝类。除鲜食外，还可制成罐头、蛏干、蛏油等。

刀蛏属 *Cultellus* Schumacher, 1817

132. 小刀蛏 *Cultellus attenuatus* Dunker, 1862

俗名：美人蛏、剑蛏。

采集时间地点：2019－04，青岛麦岛。

形态特征：壳长 80.22 mm，壳高 28.63 mm，壳宽 11.89 mm。壳呈长卵形或近似长方形，壳质脆薄。壳顶部位于近前端 1/4 处，壳前端比后端稍钝圆，腹缘较平直。壳表光滑，有光泽，生长线细密。壳面淡黄绿色，顶部偏白色，壳内部灰白色。外韧带黑褐色，前细后粗，突出于壳面之上。

习性及分布：生活于潮间带的泥沙质海底。我国南北沿海均有分布。

开发利用：肉味鲜美，营养丰富，是我国重要的经济贝类，市场售价是缢蛏的两倍以上，现在已可进行人工育苗与养殖。

棱蛤科 Trapezidae E. Lamy, 1920 (1895)

棱蛤属 *Neotrapezium* Habe, 1951

133. 纹斑棱蛤 *Neotrapezium liratum* (Reeve, 1843)

采集时间地点: 1981－10，青岛胶南。

形态特征: 壳长 30.45 mm，壳高 18.11 mm，壳宽 13.31 mm。壳呈长卵圆形或近似三角形，壳质坚厚。壳顶钝圆而凸起，稍前倾，腹缘较平直，在中间处稍凹陷。壳表粗糙，生长线明显，凸起似丘陵状。壳面灰白色，壳内面颜色同壳表。小月面心形，楯面长披针状，外韧带棕褐色，下陷于楯面中间。

习性及分布: 生活于潮间带中、下区的岩礁质海底。我国沿海均有分布。

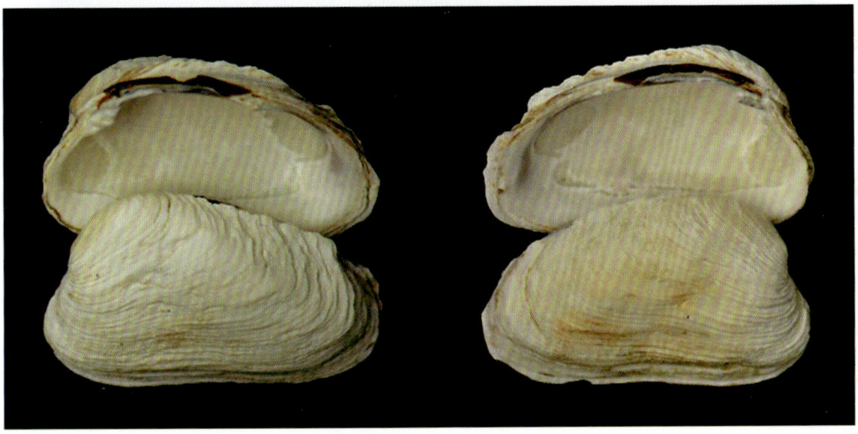

帘蛤科 Veneridae Rafinesque, 1815

布目蛤属 *Leukoma* E. Römer, 1857

134. 江户布目蛤 *Leukoma jedoensis* (Lischke, 1874)

俗名: 麻蚬子。

采集时间地点: 2016－04，山东日照。

形态特征: 壳长 44.39 mm，壳高 36.28 mm，壳宽 25.57 mm。贝壳卵圆形，壳质坚厚。壳顶较尖凸，略前倾，小月面呈明显的小心形，楯面长披针状。壳表粗糙，放射肋与生长线交织形成规则的布目刻纹。壳面大多呈淡土黄色，杂有棕色的不规则的放射状斑块，壳内面灰白色，外套窦短小，顶部较尖。两壳铰合部均具粗壮的齿。

习性及分布：广温性底栖贝类，生活于潮间带粗砂或砾石环境中。分布于我国浙江南麓岛以北东海、黄海和渤海；朝鲜半岛。

开发利用：肉可食，一般性经济贝类。有清热解毒之功效，主治臁疮、黄水疮等皮肤疾病，并有降低高血压的药理作用。

薪蛤属 *Mercenaria* Schumacher, 1817

135. 薪蛤 *Mercenaria mercenaria* (Linnaeus, 1758)

俗名：硬壳蛤、美国红、美贝、四不像、美洲帘蛤、蚌蛎。

采集时间地点：2020－09，青岛。

形态特征：壳长 50.64 mm，壳高 44.12 mm，壳宽 26.73 mm。贝壳呈卵圆形，壳质坚硬且厚重。壳顶凸出且前倾，半月面小心型，楯面狭长，壳表粗糙，生长刻纹明显并突出壳面之上。壳面颜色有变化，多黄褐色或棕褐色，有的从壳顶到腹部具白色放射带，壳内白色，或杂紫色。壳内缘具细密的齿状缺刻，外套窦短，顶部尖。

习性及分布：生活于潮间带到 10 m 水深的河口或潟湖的软泥底。分布于北美大西洋西岸，现已在山东和浙江等沿海养殖。

开发利用：肉质鲜美、抗逆性强、生长快，原产北美大西洋西岸，1997 年引入国内养殖，随着育苗与养殖技术不断成熟，现养殖规模不断扩大，是沿海虾池生态混养的理想经济贝类种类，养殖面积近百万亩，年产值数十亿元，2021 年“硬壳蛤产业联盟”在青岛成立。

凸卵蛤属 *Pelecyora* Dall, 1902

136. 凸卵蛤 *Pelecyora corculum* (Römer, 1870)

别名: 凸镜蛤。

采集时间地点: 2015－07，青岛即墨。

形态特征: 壳长 25.31 mm，壳高 24.10 mm，壳宽 16.76 mm。贝壳呈卵圆形，壳质较厚。壳顶凸出且前倾，前背缘较直，后背缘弧形，腹缘半圆形，小月面呈心型，楯面细长，壳表粗糙，生长肋较粗。壳面呈淡黄白色或白色，壳内面灰白色，外套窦较长，延伸至壳中央。

习性及分布: 底栖型贝类，生活于潮间带和潮下带的泥沙质海底。我国沿海均有分布。

镜蛤属 *Dosinia* Scopoli, 1777

137. 薄片镜蛤 *Dosinia corrugata* (Reeve, 1850)

俗名: 灰蚶子、黑蛤、蛤叉。

采集时间地点: 2020－05，青岛即墨。

形态特征: 壳长 48.59 mm，壳高 50.57 mm，壳宽 20.92 mm。壳呈近圆形，壳质较坚硬。两壳较扁平，小月面小，心型，微下陷，楯面长披针状。壳表生长纹细密，在背部周边较粗糙。壳面淡黄白色，新鲜个体偏青灰色，壳内灰白色。外套窦指状，直伸壳中央，顶端钝圆。铰合部齿较粗壮。

习性及分布: 生活于潮间带中、下区的泥砂底质中，穴居生活。广布于全国沿海。

开发利用: 出肉率高，营养丰富，肉味极鲜美，可鲜食，也可加工成罐头食品，经济价值较高。相关学者已对其人工育苗技术进行了初步研究。

138. 饼干镜蛤 *Dosinia biscocta* (Reeve, 1850)

俗名: 大沙蛤、沙蛤、白蛤。

采集时间地点: 2015－10，山东东营。

形态特征: 壳长 27.88 mm，壳高 26.83 mm，壳宽 13.52 mm。壳呈近圆形，壳质坚硬。壳顶较尖，凸出且前倾，小月面心型，内陷，楯面长披针状。壳前端较圆，后端较平直，且后背缘有一排翘起的小棘。壳面白色，壳顶处淡粉色，壳内面白色。外套窦伸向壳前端，顶部变细。

习性及分布: 生活于潮间带泥沙质海底。我国沿海均有分布。

开发利用概况：肉可食，为一般经济贝类。

139. 日本镜蛤 *Dosinia japonica* (Reeve, 1850)

俗名：沙叉，月亮贝。

采集时间地点：2019－05，山东青岛。

形态特征：壳长 70.11 mm，壳高 66.47 mm，壳宽 31.83 mm。贝壳较大，壳呈圆形，壳质坚厚。两壳较扁平，壳顶较尖且前倾，小月面心型且内陷，楯面长针叶状。壳表生长线细密，在壳周边处较粗糙。壳面呈灰白色，壳顶处淡粉色，壳内灰白色，内缘腹部有光泽。外套窦较长，伸向壳中央，前段较尖。

习性及分布：生活于潮间带的泥沙质海底。我国沿海均有分布。

开发利用概况：肉味鲜美，是一种重要的经济贝类。贝壳可入药，有软坚消结，清热解毒的功效。

蛤仔属 *Ruditapes* Chiamenti, 1900

140. 菲律宾蛤仔 *Ruditapes philippinarum* (A. Adams & Reeve, 1850)

俗名：杂色蛤、花蛤、蛤蜊、嘎啦。

采集时间地点：2020－09，青岛崂山。

形态特征：壳长 34.15 mm，壳高 24.79 mm，壳宽 16.34 mm。贝壳呈卵圆形，壳质较厚且结实。壳顶前倾，前段略尖，后端较圆，壳表粗糙，放射肋细密，生长纹明显，两者相交成布目状刻纹。壳色多变，多以褐色为主，布形状各异的花纹，壳内颜色灰白色为主，外套窦宽短，顶部钝圆。

习性及分布：底栖型贝类，生活于潮间带到水深 20 m 以内的浅水区泥沙质海底。全国沿海均有分布。

开发利用：肉质鲜美，养殖周期短，适应性强，是一种适合于人工高密度养殖的优良滩涂贝类，仅山东青岛胶州湾内年产量就约 10 万吨，是青岛一带居民非常喜食的一种贝类，每年 4 月份左右，青岛都会举办红岛蛤蜊节。

浅蛤属 *Macridiscus* Dall, 1902

141. 等边浅蛤 *Macridiscus aequilatera* (G. B. Sowerby I, 1825)

俗名：花蛤，等边蛤，花蛤仔，沙蛤。

采集时间地点：2015－07，青岛即墨。

形态特征：壳长 40.63 mm，壳高 30.16 mm，壳宽 15.22 mm。贝壳近似等边三角形，壳质坚厚。壳顶较尖，位于背部中央附近，壳前后两端近似相等，后端末部较尖，腹缘弧形，小月面柳叶状，稍内陷。壳表生长线细密，壳面光滑，颜色多变，多呈黄褐色或灰白色，杂棕色或青黑色 V 形花纹，壳内乳白色，有光泽。铰合部齿较粗壮。

习性及分布：底栖型贝类，生活于潮间带中、下区的泥沙质底或沙质底。中国多见于黄海和南海。

开发利用：味道鲜美，营养丰富，是我国重要的养殖贝类种类，可进行人工育苗，虾塘或滩涂养殖。

石房蛤属 *Saxidomus* Conrad, 1837

142. 紫石房蛤 *Saxidomus purpurata* (G. B. Sowerby II, 1852)

俗名： 天鹅蛋、紫房蛤、大蛤。

采集时间地点： 2019－04，烟台海阳。

形态特征： 壳长 100.47 mm，壳高 76.71 mm，壳宽 50.59 mm。贝壳较大，壳呈卵圆形，壳质极坚厚。两壳较膨大，壳顶钝圆而前倾，壳的前缘较圆，后缘近截形。壳表粗糙，生长线粗且密，并突出壳面。壳面棕褐色，壳内深紫色，外套窦较宽长，顶端较圆。外韧带棕黑色，嵌于两壳之间。铰合部齿发达。

习性及分布： 底栖性贝类，生活于潮间带粗砂和石砾底质中。分布于中国北黄海。

开发利用： 软体部肥大，味道鲜美，营养丰富，为大型经济贝类，北黄海沿海名贵海产品之一。现在已可人工养殖。

文蛤属 *Meretrix* Lamarck, 1799

143. 短文蛤 *Meretrix petechialis* (Lamarck, 1810)

俗名：花蛤，黄蛤，圆蛤，花嘎啦。

采集时间地点：2014－04，山东东营。

形态特征：壳长 51.02 mm，壳高 40.80 mm，壳宽 26.23 mm。壳近三角形或卵圆形，壳质厚重。壳顶稍前倾，壳表光滑，漆亮，颜色和花纹变化较大，多呈黄褐色或棕褐色，有的杂规则的 V 型花纹，后缘处颜色一般加深呈青黑色。从壳顶到后背缘末端有一条隆起的脊。小月面中间隆起，呈长心型。铰合部齿较粗壮。

习性及分布：底栖型贝类，生活在潮间带和潮下带浅水区以及河口附近的砂质区。

开发利用：我国沿海重要的滩涂经济贝类，其味道鲜美，营养丰富，可进行人工育苗与增养殖，是山东黄河三角洲区域重要的增殖贝类种类之一。短文蛤具有很高的药食价值，有润肺、止消渴、清热利湿及化痰散结等功效。

青蛤属 *Cyclina* Deshayes, 1850

144. 青蛤 *Cyclina siensis* (Gmelin, 1791)

俗名：黑蛤、铁蛤、牛眼蛤。

采集时间地点：2015－07，青岛即墨。

形态特征：壳长 38.65 mm，壳高 38.33 mm，壳宽 23.73 mm。贝壳卵圆形，壳质较坚硬。壳顶较尖凸并稍向前段倾斜，壳表生长刻纹细密。壳面黄褐色，新鲜个体壳面多呈灰黑色，壳周边白色或紫色，壳内面白色，外套窦较粗，顶部略尖，伸向壳中央，壳内缘具细密的齿状缺刻。

习性及分布：底栖型贝类，生活于潮间带的泥质或泥沙质海底。我国沿海均有分布。

开发利用：常见经济贝类，肉嫩味美，营养丰富，具有生长快、适应性强的特点，在我国沿海具有广阔的增养殖前景，是山东黄河三角洲地区常见的大宗滩涂增殖型贝类。

绿螂科 Glauconomidae J. E. Gray, 1853

绿螂属 *Glauconome* J. E. Gray, 1828

145. 薄壳绿螂 *Glauconome angulata* Reeve, 1844

俗名: 壮绿螂。

采集时间地点: 2016－05，山东东营。

形态特征: 壳长 18.54 mm，壳高 11.85 mm，壳宽 7.53 mm。壳长椭圆形或长方形，壳质较薄。壳顶较低平且稍前倾，壳的前端圆形，后端近截形，腹缘较平直。壳表生长刻纹较粗糙。壳面淡绿色，壳内面灰白色或淡绿色，外套窦较长，呈指状延伸到前端。

习性及分布: 底栖型贝类，北方种，生活于有淡水注入的潮间带中、上区的沙质和泥沙质环境中。分布于黄渤海沿岸。

开发利用: 山东省近岸潮间带生物中的优势物种，其肉可食，常被用做虾饲料。

海螂科 Myidae Lamarck, 1809

海螂属 *Mya* Linnaeus, 1758

146. 日本海螂 *Mya japonica* Jay, 1857

俗名： 大蚍、蚍蛤、蚍子。

采集时间地点： 2020－09，青岛胶南。

形态特征： 壳长 65.35 mm，壳高 42.41 mm，壳宽 26.21 mm。贝壳呈长卵圆形，壳质较坚厚。两壳不能封闭，壳体略膨胀，前端较圆，后端长而末端较尖，腹缘弧形。壳表较粗糙，生长线细密且凹凸不平，披一层黄褐色壳皮，易脱落。壳内白色，左壳有一强大的似勺状的白色着带板。外套窦宽大而深。

习性及分布： 大型底栖贝类，生活在潮间带泥沙质海底。我国渤海和黄海有分布。

开发利用： 肉质鲜美，特别是水管部非常可口，为一种经济贝类，现已可进行人工育苗与养殖。

篮蛤科 Corbulidae Lamarck, 1818

河篮蛤属 *Potamocorbula* Habe, 1955

147. 光滑河篮蛤 *Potamocorbula laevis* (Hinds, 1843)

俗名：蓝蛤、海砂子、沫蛤。

采集时间地点：2021－10，连云港。

形态特征：壳长 17.98 mm，壳高 13.29 mm，壳高 8.25 mm。贝壳较小，壳呈等腰三角形，壳质较薄。壳表面光滑，有一层淡黄色的壳皮，向顶部颜色逐渐变白，生长纹细密，壳内白色。外套窦短浅，右壳主齿钩状。

习性及分布：广温性底栖贝类，群栖于潮间带至浅海的软泥质海底，尤其有淡水注入的入海处；我国南北沿海均有分布。

开发利用：肉可食，味鲜美，生长周期短，一年四季均可养殖，常被用作虾蟹类优质饵料。

148. 焦河篮蛤 *Potamocorbula nimbosa* (Hanley, 1843)

采集时间地点: 2016－05，山东滨州。

形态特征: 壳长 26.89 mm，壳高 20.56 mm，壳宽 12.05 mm。壳近等腰三角形，壳质较厚。右壳大而深，左壳小而扁平，右壳包裹着左壳。壳的前端圆，后端略尖。壳表具淡黄色壳皮，生长纹在壳周边较粗糙，在壳顶处较光滑。壳内面白色，外套窦短浅。左壳铰合部有一牙状白色着带板。

习性及分布: 生活于浅海及河口区的半咸水环境中。我国东海和东南沿海有分布。

开发利用: 焦河篮蛤是养殖对虾的优质鲜活饵料，随着对虾养殖业的发展，篮蛤已被大量采捕，资源量大幅度减少。

海笋科 Pholadidae Lamarck, 1809

全海笋属 *Barnea* Risso, 1826

149. 宽壳全海笋 *Barnea dilatata* (Souleyet, 1843)

俗名: 象鼻子蛤。

采集时间地点: 2015－07，青岛即墨。

形态特征: 壳长 97.40 mm，壳高 53.80 mm，壳宽 54.74 mm。贝壳较大，壳呈长卵圆形或宽四边形。壳质薄脆，易碎，两壳不能封闭，壳的前端尖，后端宽大呈截形。壳表生长纹细密并凸出，放射肋与生长纹相交形成小棘。壳面灰白色，披一层褐色壳皮，在腹缘处更明显，壳内白色，纹路同壳表。

习性及分布: 生活于潮间带的泥滩，营穴居生活；我国沿海均有分布。

开发利用: 肉味鲜美，营养价值高，生长速度快，养殖周期短，经济效益显著，是优良的食用品种，目前，已可进行人工育苗。

头足纲 Cephalopoda Cuvier, 1795

头足纲动物现有600种以上，全部海产，身体左右对称，分头部、足部和胴部。头部近似球状，两侧有眼，中央有口，口内有鄂片和齿舌。足的一部分特化为腕和漏斗。腕环列于头前和口周围，通常为10个或8个，有的多达数十个。十腕类通常会分化出2只很长的触腕，其前端膨大呈舌状，为触腕穗。大多种类的腕和触腕穗上生有吸盘。足的另一部分特化成漏斗，贴附于头部与胴部之间的腹面。胴部有圆锥状、纺锤状或卵圆形等，表面有色斑。多数种类的胴部两侧有鳍，分为周鳍型、中鳍型和端鳍型。多数头足纲动物有内壳，有的内壳退化，仅少数种类有外壳。

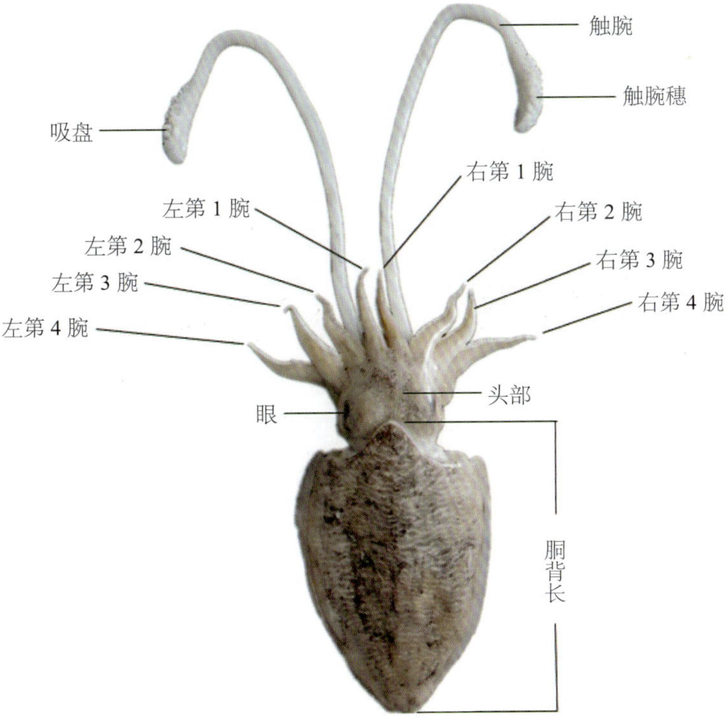

头足纲动物形态结构示意图

枪乌贼科 Loliginidae Lesueur, 1821

枪鱿属 *Loliolus* Steenstrup, 1856

150. 火枪乌贼 *Loliolus beka* (Sasaki, 1929)

俗名: 鱿鱼仔。

采集时间地点: 2021－04，青岛崂山。

形态特征: 胴长 26.60 mm。个体小，胴部略呈圆锥形，后端钝圆，胴长约为胴宽的 2 倍。体表面有大小不等的褐色斑点。触腕细长，约为第一对腕长度的 4 倍。触腕穗稍宽，末端尖，其长度约占触腕全长的 1/4 ~ 1/3。

习性及分布: 沿岸型种类。我国沿海均有分布。

开发利用: 重要的经济头足类之一，其肉可食，营养丰富。

151. 日本枪乌贼 *Loliolus japonica* (Hoyle, 1885)

俗名：笔管蛸、柔鱼、小鱿鱼、乌蛸。

采集时间地点：2021－04，青岛崂山。

形态特征：胴长 42.31 mm。胴部圆椎形，长宽之比约为 4∶1，体表具大小相近的褐色斑点。无柄腕长度略有差异，腕式一般为 3 > 4 > 2 > 1，触腕穗具吸盘 4 行，中间 2 行大，大吸盘具角质环 20 个左右。

习性及分布：生活于浅海区域。我国渤海、黄海、东海均有分布。

开发利用：经济价值较高，营养丰富，可直接食用，也可制成日本枪乌贼干，同时也可作为鱼类饵料。

乌贼科 Sepiidae Leach, 1817

乌贼属 *Acanthosepion* Rochebrune, 1884

152. 金乌贼 *Acanthosepion esculentum* (Hoyle, 1885)

俗名：墨鱼、乌鱼、尖壳墨鱼、板乌。

采集时间地点：2021－04，青岛小港。

形态特征：胴长 182.00 mm。胴部盾形，长度为宽度的 2 倍。体表黄色素明显。肉鳍较宽，位于胴部两侧全缘，在后端不相连接，腕式一般为 3 > 2 > 1 > 4，腕吸盘 4 行，大小相近。触腕穗稍膨突，约为全腕长度的 1/5，吸盘约 10 余行。

习性及分布：生活于浅海区域。我国沿海均有分布。

开发利用：金乌贼是乌贼科中重要的经济种类之一，现已可进行人工育苗和养殖。其肉质鲜美，可加工成干制品“墨鱼干”，雄性生殖腺和雌性缠卵腺分别可加工成“乌鱼穗”和“乌鱼蛋”，是重要的海珍品。金乌贼的乌贼骨、肉、墨囊均有重要的药用价值。

耳乌贼科 Sepiolidae Leach, 1817

耳乌贼属 *Lusepiola* Bello, 2020

153. 双喙耳乌贼 *Lusepiola birostrata* (Sasaki, 1918)

俗名： 墨鱼豆。

采集时间地点： 2021－04，青岛崂山。

形态特征： 胴长 12.39 mm。胴部圆袋状，体表具很多色素点斑。肉鳍较大，近圆形，位于胴部两侧中部，状如两耳，长度约为胴长的 2/3。无柄腕长度略有差异，腕式一般为 3 > 2 > 1 > 4，触腕穗稍膨突，短小，约为全腕长度的 1/7，吸盘极小，约 10 余行，细绒状。直肠两侧各具一个颇大的马鞍形腺体发光器。

习性及分布： 生活于浅海区域，游泳能力弱。我国沿海均有分布。

开发利用： 经济贝类，可鲜食或加工成干制品。

Euprymna Steenstrup, 1887

154. 四盘耳乌贼 *Euprymna morsei* (A. E. Verrill, 1881)

俗名： 墨鱼豆。

采集时间地点： 2021－04，青岛崂山。

形态特征： 胴长 23.30 mm。胴部圆袋状。长宽之比约为 10 ∶ 8，体表具很多紫褐色色素斑。肉鳍较小，近圆形，位于胴部两侧中部，状如两耳，长度约为胴长的 1/2。无柄腕长度略有差异，腕式一般为 3 ＞ 2 ＞ 4 ＞ 1，触腕穗稍膨突，短小，约为全腕长度的 1/5，吸盘极小，约 10 余行，细绒状。直肠两侧各具一个颇大的马鞍形腺体发光器。

习性及分布： 生活于浅海区域，有短距离的生殖洄游。常见于我国黄海北部。

开发利用： 个体小，肉味鲜美，也可作为鱼类和大型底栖生物的饵料。

蛸科（章鱼科）Octopodidae A. d'Orbigny, 1840

蛸属（章鱼属）*Octopus* Cuvier, 1798

155. 长蛸 *Octopus minor* (Sasaki, 1920)

俗名： 马蛸、长腿蛸、大蛸、石拒、章拒。

采集时间地点： 2021－04，青岛小港。

形态特征： 胴长 61.37 mm，最长腕长 476.90 mm。胴部短小，卵圆形。体表光滑，具细的色素斑点。各腕长度不等，第 1 对腕最长且最粗，其腕径约为其他腕径的 2 倍，腕式一般为 1 ＞ 2 ＞ 3 ＞ 4，腕吸盘 2 行。

习性及分布： 生活于浅海区域。我国沿海均有分布。

开发利用： 营养价值高，富含丰富的蛋白质和氨基酸，具有一定的药用价值，如补血养气，收敛生肌等。同时可作为经济鱼类的重要饵料。现已可进行人工繁育。

对鳍蛸属 *Amphioctopus* P. Fischer, 1882

156. 短蛸 *Amphioctopus fangsiao* (d'Orbigny [in A. Férussac & d'Orbigny], 1839—1841)

俗名：饭蛸、坐蛸、短腿蛸、小蛸、短爪章。

采集时间地点：2021－04，青岛小港。

形态特征：胴长 31.05 mm。胴部短小，呈卵圆形。体表具很多近圆形颗粒，第 2 和第 3 腕腕间膜基部具 1 对眼点，背面两眼附近生 2 个近纺锤形的浅色斑。腕短，腕长约为胴长的 4 ～ 5 倍，各腕长相近，腕吸盘 2 列。

习性及分布：生活于浅海区域。我国沿海均有分布。

开发利用：肉质肥厚鲜美，富含蛋白质和氨基酸，既可鲜食，又可加工成干制品，具有较高的经济价值，现已可进行人工育苗。同时短蛸具有一定的药用价值，具有补气养血、收敛生肌的功效，是妇女产后补虚、生乳、催乳的滋补品。

山东沿海贝类资源的保护与开发利用

一、经济贝类资源的保护

（一）贝类种质资源保护现状

水产种质资源保护主要分为就地保护和异地保护两种，就地保护指在繁殖、生长、进化的原栖息地，对生态系统和栖息环境进行保护，以达到保护水产种质资源的群体、群落的目的，保护方式主要为设立自然保护区及种质资源保护区。异地保护指在物种原栖息地以外的人工环境下，对生物多样性的某种成份予以保护和保存，是个体水平或细胞水平的遗传保护，保护方式主要为建设原良种场或是种质资源库等[1]。

山东省在贝类种质资源就地保护与易地保护方面均处于全国领先水平，目前全省现有国家级贝类种质资源保护区 15 处（见表 1），初步构建了覆盖山东省沿海的贝类种质资源保护区网络；同时，建立了国家级贝类原良种场 2 个，省级贝类原良种场 18 个（见表 2），形成了比较完善的贝类原良种保护体系。

表 1　山东省内国家级海洋贝类种质资源保护区

序号	名称	位置	保护对象
1	长岛皱纹盘鲍光刺球海胆国家级水产种质资源保护区	烟台市长岛县南北隍岛和大小钦岛周围海域	皱纹盘鲍、光刺球海胆、刺参、栉孔扇贝
2	海州湾大竹蛏国家级水产种质资源保护区	日照市东港区涛雒镇外海保护区	大竹蛏
3	莱州湾单环刺螠近江牡蛎国家级水产种质资源保护区	潍坊市滨海经济技术开发区北部海域	单环刺螠、近江牡蛎及其附属生态环境
4	马颊河文蛤国家级水产种质资源保护区	滨州市无棣县马颊河入海口区域滩涂及海域	文蛤
5	灵山岛皱纹盘鲍刺参国家级水产种质资源保护区	青岛市黄岛区积米崖灵山岛海域	皱纹盘鲍、刺参
6	广饶海域竹蛏国家级种质资源保护区	东营市广饶海域	竹蛏
7	黄河口文蛤国家级水产种质资源保护区	黄河口	黄河口文蛤

续表

序号	名称	位置	保护对象
8	日照海域西施舌国家级水产种质资源保护区	日照市沿海北部，东港区两城河口东南浅滩海区	西施舌
9	千里岩海域国家级水产种质资源保护区	烟台海阳市千里岩周围海域	刺参、皱纹盘鲍
10	前三岛海域国家级水产种质资源保护区	日照市岚山头外海	金乌贼
11	荣成湾国家级水产种质资源保护区	威海市荣成湾俚岛东部海域	栉孔扇贝、紫海胆
12	乳山湾国家级种质资源保护区	乳山市乳山湾东流区海域	泥蚶
13	桑沟湾国家级水产种质资源保护区	威海市东南海域桑沟湾内	魁蚶
14	套尔河口海域国家级水产种质资源保护区	滨州市北海新区套尔河口附近海域	缢蛏
15	月湖长蛸国家级水产种质资源保护区	荣成市成山镇月湖水域	长蛸

表 2　山东省贝类原、良种场一览表

级别	序号	名称
国家级	1	国家级山东蓬莱虾夷扇贝良种场
	2	国家级山东荣成皱纹盘鲍良种场
省级	1	荣成皱纹盘鲍省级良种场
	2	荣成栉孔扇贝省级良种场
	3	荣成长蛸省级原种场
	4	威海百世文蛤省级原种场
	5	莱州长牡蛎省级良种场
	6	烟台牡蛎省级良种场
	7	烟台海益海湾扇贝省级良种场
	8	长岛皱纹盘鲍省级原种场
	9	莱州海湾扇贝省级良种场
	10	烟台海之春海湾扇贝省级良种场
	11	海阳牡蛎省级良种场
	12	潍坊青蛤省级原种场
	13	日照大竹蛏省级原种场
	14	日照魁蚶省级良种场
	15	滨州缢蛏省级原种场
	16	莱州菲律宾蛤仔省级原种场
	17	无棣近江牡蛎省级原种场
	18	青岛金乌贼原种场（金沙滩）

（二）贝类种质资源保存技术

种质资源的高效保存是种质资源有效保护与利用的重要基础。贝类种质资源保存方式主要包括标本保存、生殖细胞保存、基因保存与活体保存。其中，生物标本是分类系统学、生物多样性研究及探讨物种亲缘关系与进化的重要资料，对自然保护及资源合理利用具有重要意义[2]，目前，贝类标本保存方式主要为浸制法保存与干制法保存；就生殖细胞保存而言，相关学者建立和完善了贝类精子和胚胎保存技术体系，开展了魁蚶、牡蛎、扇贝等海产贝类的精子冷冻保存研究，同时也进行了长牡蛎、栉孔扇贝等的卵子与胚胎低温保存研究，生殖细胞低温保存模式的开发与应用对于优良性状的稳定保存与保护意义重大[3-6]；DNA保存技术随分子生物学的不断发展逐渐成熟，其按照技术难易程度分为基因组DNA保存、基因组文库保存、cDNA文库保存与DNA芯片保存。目前，相关学者在国际上首次完成并发布了虾夷扇贝、栉孔扇贝、长牡蛎等贝类的全基因组，基因图谱的绘制为进一步开展与生殖、疾病和重要经济性状相关功能基因的研究与开发提供了可靠的材料保障[7-9]；另外，活体保存也是种质资源保存的重要方式，目前结合种质资源保护区、原良种场，山东省已形成了较为全面的经济贝类活体保存模式，为贝类良种开发提供了资源支撑。

（三）贝类种质资源保护领域未来发展方向

目前，山东省在贝类种质资源保护方面取得了很大的进展，形成了多层次的海洋贝类种质资源保护体系，但与国外相比还有一定的差距。为提高贝类种质资源保护与利用效率，应尽快开展贝类种质资源普查，摸清资源家底，有效收集和保护优异贝类种质资源，实现应收尽收，应保尽保；同时应对种质资源区及原良种场进行定期的调查评估，摸清不同种群的遗传背景，并及时更新亲贝资源；另外2007年及2021年海星向青岛近海大肆入侵而导致菲律宾蛤仔、扇贝等大幅减产的事件，也引起我们深刻反思[10]。如何将种质资源保护与生态环境保护有效结合起来？以稳定环境平衡来促进种质资源科学保护和自然恢复应该是种质资源活体保存的重要手段。因此，贝类种质资源的保护，不仅要从资源保护、品种开发及种苗繁育的角度，还应该从食物链、食物网修复、生态环境因子平衡的层面实施相关保护措施。

二、经济贝类的开发利用

（一）经济贝类的育种

1. 山东省经济贝类苗种生产技术发展历程

山东省贝类苗种生产历程源远流长，大致经历了半人工采苗、工厂化繁育和良种选育三个阶段。其中，以工厂化繁育为代表的苗种生产技术直接促进了我国第三次海水养殖浪潮的兴起[11]。近年来，我国贝类苗种生产开始进入良种选育阶段，山东省无论是基础研究还是产业应用技术，均在全国居于显著领先地位。

（1）半人工采苗阶段

半人工自然海区采苗是指繁殖季节在贝类的自然群体海区通过人工手段投放合适的采苗器材进行附着采捕野生贝类苗种的生产方式。由于半人工采苗投资小、收益大，在工厂化育苗技术成熟之前，是主要的贝类苗种生产方式。半人工自然海区采苗成功与否取决于采苗设施的设计、采苗时间和采苗地点的选择等，受外界因素影响较大[12]。在20世纪70年代以前，山东省的贝类养殖总体规模不是很大，苗种获取渠道主要靠半人工自然海区采苗。通过半人工自然海区采苗开展养殖的品种主要有栉孔扇贝、贻贝、魁蚶和牡蛎等本地土著种。在山东现代牡蛎养殖业发源地乳山地区，最早通过半人工自然附苗，在潮间带开展投石和插竹等养殖太平洋牡蛎和少量大连湾牡蛎。中科院海洋所张福绥院士根据贻贝所在海区表现的生物学规律及生态学特点试验成功了“废旧草绠采苗法”，创建了“贻贝自然采苗场建立”技术，极大提高了贻贝苗种的采苗效率，解决了苗源供应问题，促进贻贝养殖迅速发展，使我国20世纪80年代贻贝产量跃居世界第一[13]。20世纪80年代后期，栉孔扇贝半人工采苗技术在山东省烟台市的蓬莱长岛、福山区、芝罘区等海区开始大范围推广和应用，直接推动栉孔扇贝养殖面积十年内增长超过100倍，带动山东省扇贝养殖产业的迅猛发展[14]。20世纪90年代之后，随着贝类工厂化育苗技术的进步，大部分品种的半人工自然海区采苗逐渐退出历史舞台，但在部分特殊种类如贻贝等的养殖过程中，仍在发挥着不可替代的重要作用。

（2）工厂化繁育阶段

贝类苗种的工厂化繁育是在摸清了贝类的生殖习性、幼体和贝类的生理生长规律，通过控制育苗车间内的水质、温度、盐度等环境因素，实现苗种从受精卵到稚贝的全过程管理的苗种生产方式。贝类苗种的工厂化繁育改变了“靠天吃饭”的被动局面，提高并稳定了贝类苗种生产的产能，对于发展可持续的贝类产业具有革命性的作用。山东省引领了国内贝类工厂化繁育的技术发展[15]。1959年，张玺等人首次对贝类人工育苗的意义和方法进行了系统阐述（近江牡蛎的养殖）[16]，张福绥等人在20世纪50年代末基本厘清贻贝的生物学习性和繁殖规律后，在20世纪70年代又研究改进了饵料结构、采苗器材、细菌控制和苗种中间培育等一系列关键技术，建立了完整的人工育苗理论和技术体系，首次将贻贝育苗工厂化，引起国内外同仁的瞩目，也为后来我国其他贝类人工繁育和增养殖奠定了坚实的基础[17]。20世纪70年代初，山东省在国内率先进行了栉孔扇贝的人工育苗试验研究。20世纪70年代中期，中国海洋大学王如才教授成功突破扇贝人工育苗技术，直接促进了扇贝人工育苗的普及[18]。20世纪80年代初期，中国科学院海洋研究所张福绥教授从美国引进了适宜在山东省沿海养殖的海湾扇贝，在前期贝类工厂化育苗技术的基础上，通过不断试验人工繁育技术参数取得成功突破，并在全省乃至全国大规模推广养殖，在世界上培育了最大的扇贝养殖产业，引领了当时的海水养殖产业的发展方向，在全国掀起了第三次海水养殖浪潮。随后山东省各沿海地市将贝类工厂化育苗作为重点技术发展，在上述贝类工厂化育苗技术的基础上陆续突破了牡蛎、鲍鱼、魁蚶、毛蚶、菲律宾蛤仔等贝类的工厂化繁育技术，开创了贝类苗种生产的新时代。2019年山东省贝类苗种的生产数量超过5992.8亿粒[19]。

（3）良种选育阶段

在开展贝类的人工繁育过程中，山东省的贝类基础研究也取得了长足进步，从“九五”开始，山东省的科技工作者承担的科技计划均包含贝类相关研究，从贝类的分类、养殖与生态环境、营养、生理与病害、系统演化等方向均取得了丰富的研究成果，并启动了多个育种计划，培育了一批贝类养殖新品种，显著提升了贝类养殖产业的种质水平。20世纪90年代初，为解决海湾扇贝长期人工育苗所导致的遗传衰退，张福绥等人开展了海湾扇贝的“引种复壮”研究，取得了良好效果，首次实现对贝类的遗传种质进行人工干预[20]。2004年，中科院海洋所研究团队利用皱纹盘鲍日本岩手群体和大连群体杂交培育了我国第一个通过审定的海水贝类新品种——“大连1号”，该杂交种杂种优势明显，性状稳定，具有适应性广、成活率高、抗逆性强、生长快、品质好等特点，使杂交鲍养殖区海域从渤海和黄海北部向福建和广东北部海域扩展，经济效益更加显著[21]。2005年，中国海洋大学研究团队成功培育出了我国第一个扇贝新品种“蓬莱红”扇贝。“蓬莱红”扇贝是利用杂交、选育和现代分子生物学技术相结合，经过4年选择和横向固定而成的遗传性状稳定的优良新品种，该品种生长速度快，抗逆性强，为改善栉孔扇贝养殖产业的病害情况做出了突出贡献。2006年，中科院海洋所的海湾扇贝品种选育方面取得突破性进展，在经过连续6年的研究和试验，通过“壳色－数量性状复合选择和自交－定向选育－小群体平衡”的育种模式，以体色、壳型为选育指标，成功培育出“中科红”海湾扇贝新品种，为推动我国海水养殖良种化进程和产业的升级换代，为促进我国海湾扇贝养殖业的健康发展做出突出贡献[22]。在此之后，随着育种技术的不断进步和成熟，更多的贝类育种计划开始启动实施，山东省陆续在虾夷扇贝、文蛤、菲律宾蛤仔、泥蚶、杂交扇贝、牡蛎等物种中启动良种培育计划，并先后培育出了28个性状优良的贝类新品种（见下表），有效提高了山东省贝类养殖的良种覆盖率，推动贝类产业进入一个全新的发展阶段。

表3　贝类水产新品种（山东省）

序号	品种名称	编号	育种单位
1	海湾扇贝	GS-03-015-1996	中国科学院海洋研究所
2	“大连1号”杂交鲍	GS-02-003-2004	中国科学院海洋研究所
3	“蓬莱红”扇贝	GS-02-001-2005	中国海洋大学
4	“中科红”海湾扇贝	GS-01-004-2006	中国科学院海洋研究所
5	海大金贝	GS-01-002-2009	中国海洋大学、大连獐子岛渔业集团股份有限公司
6	海湾扇贝“中科2号”	GS-01-005-2011	中国科学院海洋研究所
7	长牡蛎“海大1号”	GS-01-005-2013	中国海洋大学
8	栉孔扇贝“蓬莱红2号”	GS-01-006-2013	中国海洋大学、威海长青海洋科技股份有限公司、青岛八仙墩海珍品养殖有限公司
9	文蛤“科浙1号”	GS-01-007-2013	中国科学院海洋研究所、浙江省海洋水产养殖研究所
10	菲律宾蛤仔“斑马蛤”	GS-01-005-2014	大连海洋大学、中国科学院海洋研究所
11	泥蚶“乐清湾1号”	GS-01-006-2014	浙江省海洋水产养殖研究所、中国科学院海洋研究所
12	扇贝“渤海红”	GS-01-003-2015	青岛农业大学、青岛海弘达生物科技有限公司
13	虾夷扇贝“獐子岛红”	GS-01-004-2015	獐子岛集团股份有限公司、中国海洋大学
14	海湾扇贝“海益丰12”	GS-01-006-2016	中国海洋大学、烟台海益苗业有限公司
15	长牡蛎“海大2号”	GS-01-007-2016	中国海洋大学、烟台海益苗业有限公司
16	菲律宾蛤仔“白斑马蛤”	GS-01-009-2016	大连海洋大学、中国科学院海洋研究所
17	扇贝“青农2号”	GS-02-003-2017	青岛农业大学、青岛海弘达生物科技有限公司
18	长牡蛎“海大3号”	GS-01-007-2018	中国海洋大学、烟台海益苗业有限公司、乳山华信食品有限公司
19	扇贝“青农金贝”	GS-01-009-2018	青岛农业大学、中国科学院海洋研究所、烟台海之春水产种业科技有限公司

续表

序号	品种名称	编号	育种单位
20	长牡蛎“鲁益1号”	GS-01-006-2020	鲁东大学、山东省海洋资源与环境研究院、烟台海益苗业有限公司、烟台市崆峒岛实业有限公司
21	长牡蛎“海蛎1号”	GS-01-007-2020	中国科学院海洋研究所
22	菲律宾蛤仔“斑马蛤2号”	GS-01-007-2021	大连海洋大学、中国科学院海洋研究所
23	皱纹盘鲍“寻山1号”	GS-01-008-2021	威海长青海洋科技股份有限公司、浙江海洋大学、中国海洋大学
24	文蛤“科浙2号”	GS-02-001-2021	中国科学院海洋研究所、浙江省海洋水产养殖研究所
25	栉孔扇贝“蓬莱红3号”	GS-01-011-2022	中国海洋大学、威海长青海洋科技股份有限公司
26	海湾扇贝“海益丰11”	GS-01-012-2022	中国海洋大学、烟台海益苗业有限公司
27	长牡蛎“海大4号”	GS-02-008-2022	中国海洋大学
28	长牡蛎“前沿1号”	GS-02-009-2022	青岛前沿海洋种业有限公司、中国科学院海洋研究所、乳山市海洋经济发展中心

2. 山东省贝类育种技术进展

近年来，随着一些新的育种理念和技术的引入，山东省贝类育种技术总体取得较大发展，并出现选择育种、杂交育种、多倍体育种等传统育种技术和分子标记辅助育种、全基因组选择育种等现代育种技术并行发展的局面。

（1）选择育种

选择育种是指利用现有品种在繁殖过程中的自然变异作为选择工作的原始材料，然后进行系统比较，选择优良基因型并固定优良性状的传统育种方式。在贝类的选择育种中，通常是通过对贝类生长速率、抗逆抗病和品相品质等性状进行选择，以达到改良贝类经济价值的目的。选择育种的效果取决于遗传改进量和世代间隔，其中遗传力是遗传改进量的关键因素，因此对遗传力的准确估计是开展选择育种的重要基础，许多科技工作者围绕山东省常见经济贝类开展了大量工作。中科院海洋所张国范团队对海湾扇贝养殖群体开展选择育种实验，并估算了选育群体的狭义遗传力和现实遗传力，发现海湾扇贝生长性状具有较大遗传力和遗传获得，并在此基础上培育成功了“中科红”和“中科2号”海湾扇贝新品种[23]。中国海洋大学李琪团队测算了长牡蛎连续3代群体选育的选择反应和现实遗传力，并估算了长牡蛎重要经济性状的遗传参数，发现长牡蛎主要经济性状具有较大的遗传力，能够通过选择获得较大的遗传获得，并在群体长牡蛎的生长速度上取得了显著效果，平均每代壳高增长8%～14%，在此基础上经过连续6代选育，成功培育出“海大1号”长牡蛎新品种，跟普通商品苗种相比生长速率提高 16.2%，总湿重提高 24.6%，出肉率提高 18.7%，壳型变异率明显优于普通商品群体[24]。中国海洋大学包振民团队对栉孔扇贝进行了育种值和遗传参数估算，发现壳高、壳长、壳宽和体重的遗传力分别是 0.14、0.15、0.09 和 0.18，均属于低度遗传力，该团队针对这一特点，构建了国际上首个贝类遗传育种评估体系，实现遗传力、重复力、表型相关、近交系数和育种值的综合计算，并根据使用者的定义和边界条件制定选种配种方案以指导选种，将贝类选择育种提高到一个新的技术水平，并经过多年探索和实践，成功培育出"蓬莱红"栉孔扇贝。目前，选择育种技术以其稳定、有效和低成本的特点仍然占据着贝类品种培育的舞台[25]。

（2）杂交育种

杂交育种是指通过不同个体、品系、地理群体或亚种之间开展杂交，从而获取可以直接利用的杂种优势或者和选择育种相结合获取更多遗传变异的一种育种方式。杂交育种在山东省的贝类育种研究中较为广泛，主要有不同地理群体间的杂交和种间杂交等。张海滨等开展了海湾扇贝南北亚种之间的杂交，发现海湾扇贝两亚种之间杂交从幼虫到养成阶段均存在明显的杂种优势[26]。张跃环等开展了太平洋牡蛎与近江牡蛎之间的种间杂交，分析了子代早期表型性状和杂种优势，并对杂交子代进行了遗传鉴定，结果发现具有显著杂种优势的单向杂交组合，为牡蛎的遗传改良提供了新的思路[27]。中科院海洋所研究团队利用皱纹盘鲍日本岩手群体和大连群体杂交，培育成功了"大连 1 号"杂交鲍，该品种杂种优势明显，性状稳定，具有适应性广、成活率高、抗逆性强、生长快和品质好，生长速度平均提高 20% 以上，养成周期缩短 1/4 ~ 1/3，成活率提高 1.8 ~ 2.3 倍，适温上限提高 4 ~ 5℃等特点，使杂交鲍养殖区从黄海北部向南扩展，推动我国一跃成为世界上最大的鲍鱼生产国[28]。青岛农业大学研究团队利用秘鲁紫扇贝和海湾扇贝开展种间杂交发现了可观的杂种优势，杂交后代比海湾扇贝平均壳高、壳长和壳宽分别大 27.3%，25.2% 和 19.3%，体重提高 107%，以杂交获得的 F1 代为选育基础群体，以生长速度和壳色为选育指标，采用群体选育技术，经连续 4 代选育而成的，该品种兼具紫扇贝和海湾扇贝的优良基因，壳色鲜艳、产量高、营养丰富、肉质鲜美，比普通海湾扇贝湿重提高 37% 以上，肉柱重提高 49% 以上，该品种在山东、河北和辽宁等传统海湾扇贝主产区大规模养殖，并在福建和广东等南方海域试养。杂交育种具有时间短、效率高、指标提升快等特点，是进行贝类种质改良的重要手段之一[29]。

（3）多倍体育种

多倍体育种是指利用人工诱变、自然变异或杂交等，通过细胞染色体组加倍获得多倍体育种材料，选育符合人们需要的优良品种的育种方式。贝类的多倍体育种通常是指三倍体育种，由于贝类三倍体性腺发育差，可以避免在繁殖季节因性腺排放导致的消瘦和死亡，从而改善贝类的成活率、抗逆能力和生长速度，提高贝类养殖的品质和效益，是当前最有发展前景的育种方式之一[30]。贝类的多倍体诱导方法主要有温度休克、静水压、渗透压等物理方法，细胞松弛素B、6-DMAP、咖啡因、聚乙二醇等化学方法以及通过四倍体和二倍体杂交等方法[31]，目前最常用的有细胞松弛素B、6-DMAP诱导法和四倍体二倍体杂交法[32]。20世纪90年代，山东省科研团队陆续启动了多种贝类的三倍体研究，在鲍鱼、扇贝和牡蛎中具有相关技术突破的报道，但一直鲜有形成产业报道[33]。从2009年开始，青岛前沿海洋种业有限公司联合中国科学院海洋研究所、大西洋海角渔业公司、美国鲁特格斯大学等国内外10余家单位协同攻关，突破了牡蛎三倍体规模制种中的药物诱导多倍体、四倍体亲本制备、核心品系维护与选育、杂交制种、单体牡蛎制备等系列关键技术，成功解决了太平洋牡蛎、葡萄牙牡蛎和美洲牡蛎等牡蛎亚种的大规模苗种制备技术瓶颈，一举打破国外三倍体牡蛎育种技术垄断，在山东半岛、辽宁大连、福建沿海全线、江苏连云港、河北秦皇岛、浙江温州、广东湛江和广西北海等牡蛎主养区推广养殖三倍体牡蛎，牡蛎养殖生长性能提升30～100%，死亡率降低80%，渔民平均增收1.2万元/亩①，经济效益提升37.5%以上，极大改善了牡蛎养殖产业核心种质衰退、夏季养殖死亡率高、良种供给不足、产业链条整体竞争力弱等问题，为我国海水养殖产业转型升级发挥了引领示范作用。

（4）分子标记辅助育种

随着分子生物学的进步，人们发现许多动植物的性状的决定基因同某些分子标记片段紧密连锁，这就为更加快速、有效、精确地育种提供了可能。分子标记辅助育种是利用分子标记与决定目标性状基因紧密连锁的特点，通过检测分子标记就能够筛选优良的亲本，从而达到聚合优良基因，提升选择目标性状的目的。同传统育种方式相比，该育种方法避免了来回反复试错和繁杂的性状数据跟踪监测，极大地缩短了育种周期，提高了育种效率。分子标记辅助育种成功与否取决于分子标记的密度和定位的方法，构建高密度的遗传图谱和进行有效的QTL定位是当前贝类分子标记辅助育种的主流做法。山东省在牡蛎、扇贝、鲍鱼等经济贝类中的遗传连锁图谱构建和应用中取得较大进展，分子标记技术也从AFLP、SSR等逐步发展到以SNP为主，图谱的标记密度和精度得到很大提高，并获得了一批与生长速率、存活率、品质等经济性状相关的标记，并在育种实践中进行了有效应用[34]。中国海洋大学研究团队研究通过混池分离分析法鉴定了与长牡蛎壳金性状关联的AFLP标记，并通过该标记将壳金性状的纯合子和杂合子区分开，加快了壳金品系的纯化进程，并结合家系选育和群体选育相

① 亩为非法定计量单位，1亩≈0.0667公顷。

结合的混合选育技术，经连续4代选育而成了“海大2号”牡蛎新品种，与未经选育的长牡蛎相比，该品种左右壳和外套膜均为金黄色，15月龄平均壳高、平均体重和出肉率分别提高39.7%、37.9%和25.0%以上[35]。

（5）全基因组选择育种

全基因组选择是一种利用覆盖全基因组的高密度标记进行选择育种的新方法，可通过早期选择缩短世代间隔，提高育种值估计准确性等加快遗传进展，尤其对低遗传力、难测定的复杂性状具有较好的预测效果，真正实现了基因组技术指导育种实践。同传统选择育种方法相比，全基因组选择可以有效降低计算个体亲缘关系时孟德尔抽样误差的影响，同分子标记辅助育种方法相比，全基因组选择模型中包括了覆盖全基因组的标记，能更好地解释表型变异[36]。虽然具有诸多优势，但全基因组选择育种依赖于高质量的测序结果，由于测序成本高昂，且对数据的处理与分析存在较大挑战，该育种方法的普及尚待时日。但随着测序方法和芯片技术的不断成熟，未来个体分型费用将不断降低，分型准确性不断提高，全基因组选择育种将逐步替代传统育种方法。中国海洋大学包振民研究团队首次采用全基因组选择育种技术，自主研发了针对非模式生物的高通量低成本基因组标记技术和针对全基因组遗传效应评估的算法模型，结合BLUP传统育种技术，经过6代选育培育出了栉孔扇贝“蓬莱红2号”新品种[37]。该品种遗传性能稳定，保持了原始品种“蓬莱红”壳色鲜红、高产等特点，并且生长速率较快，表现出良好的生产性状和抗逆性能，显著促进了栉孔扇贝养殖产业的恢复和发展。另外该团队也通过群体选育和全基因组选择的技术，经过连续五代的培育，成功培育出了“海益丰12”海湾扇贝，成为山东省第二个利用全基因组选择育种技术的新品种[38]。

3. 山东省贝类育种存在的问题

虽然山东省贝类育种取得了巨大的进步，但是同国外发达国家或国内农作物、畜禽等育种水平相比，在科技创新和产业体系均存在较大差距。主要体现在以下四个方面。

（1）基础研究对产业支撑能力不足

山东省贝类基础研究在全国居领先地位，中国科学院海洋研究所研究团队在国际上率先完成了牡蛎基因组测序，中国海洋大学研究团队最早将分子技术应用到扇贝育种当中并开发了贝类的全基因组育种技术。但由于贝类的特殊属性和养殖环境，在基础研究方面明显落后于鱼类或陆地动植物，新技术成熟度尚不足以引领和支撑产业发展。在当前以全基因组测序及功能基因挖掘为代表的基础研究热潮当中，也存在研究投入产出比低、研究问题同产业需求脱节、研究领域的聚焦和挖掘深度不够等问题，忽视了现代前沿技术与传统遗传选育技术体系的直接结合和改良。在主客观多重因素影响下，导致基础研究对产业发展的支撑能力不足。

（2）新品种研发效率不高

目前山东省已经研发 24 个贝类养殖新品种，但相对于山东省贝类养殖规模和种类而言，平均每个品种研发的新品种不到 1 个，而且大部分新品种是通过长时间的传统选育技术选育而成，每个新品种的平均选育周期将近 10 年。分析背后的原因，一是海水新品种的技术研发水平多年来并未显著进步，分子标记育种和全基因组选择育种等关键核心技术在贝类育种中尚不成熟，选育技术手段仍以传统选育或杂交育种为主，品种选育效率偏低。二是新品种的选育成本较高，需要长期系统地投入。当前山东省新品种选育工作仍以高校和科研院所为主，高校和科研院所在开展新品种研发时极大依赖现有课题支撑，课题支持的不稳定性导致研发技术体系不健全、工作内容不连续，育种工作者难以潜心构建系统的批量品种研发体系。随着贝类养殖规模的快速扩张与升级，贝类新品种研发速率已经明显不能满足产业发展需求。

（3）新品种推广应用环节有待完善

从山东省的贝类新品种研发和应用全链条看，新品种研发仍是主要工作重心，新品种推广与应用宣传环节较为薄弱。新品种研发成功之后，由于缺少后续推广资金、政策和人员等手段支持，后续的推广主要依靠市场自觉行为，新品种推广渠道混乱、推广效率低，不能快速覆盖产业和改善贝类养殖结构，导致新品种经济效益和社会效益大打折扣。另外，在新品种推广过程中，由于缺乏新品种专门制种引导和规范，海水苗种企业自主创新能力较薄弱，缺乏集产学研、育繁推一体化的意识和能力，在繁育过程中品种保护意识较差，选用亲贝中会混杂一定比例的普通贝种，导致繁育苗种较新品种纯度要求和生长指标有一定下降，从新品种推广开始，连续数年之后，产业中养殖新品种会受到一定程度的污染，新品种外观和养殖效益均受到影响。

（4）遗传种质资源保护有待加强

目前在牡蛎、扇贝等山东省大宗养殖贝类中，均有广泛的国外引种背景，并基于引种培育了相当数量的新品种。受限于产业发展水平和行业特点，新品种研发往往基于某一次引种群体，而随着引种群体老化与衰退，新品种的经济性状和遗传多样性会受到显著影响。同时，在新品种苗种生产过程中受到亲贝死亡、留种偏好等因素影响导致有效亲贝群体数量不足，不可避免会有一定比例的自交或近交，逐年累积，导致新品种近交水平上升，经济性状出现明显衰退。另外，由于缺乏对种质资源的长期投入和研究，对山东省的贝类种质资源本底了解不清，对地方特色品种发掘和保护不够，随着海洋环境变化和海岸带开发压力逐渐加大，造成本土贝类优良遗传品种资源流失严重，为未来贝类产业健康可持续发展埋下隐患。

4. 促进山东省贝类良种产业健康发展的对策建议

(1) 加大新品种研发力度

聚焦山东省贝类新品种数量少、研发周期长、不能满足产业发展需求等问题，加强传统育种技术、细胞工程育种技术、分子辅助育种技术和全基因组选择育种技术、绿色苗种生产技术、环境保护技术等多学科技术交叉融合，建立符合现代海洋种业发展规律的技术研发体系。优化贝类品种育种计划，筛选、创制符合育种目标的优异、特异育种亲本材料，扎实做好新品种培育的品系构建，深度解析重要经济性状的遗传调控机制，整合育种单位的育种系谱及各种性状数据库，构建大规模、高通量、专业化、流水线式的商业化育种平台体系，提高高产、抗逆、特色等具有重大市场前景的新品种创制效率，推动对贝类种业的各个环节和步骤的技术改良、改造和升级，建立产学研用相结合的高效贝类育种创新技术体系。

(2) 提高核心种质资源保护水平

高度重视贝类核心种质资源的维护和复壮，切实有效改进贝类自然种质资源保护差和养殖群体易老化的问题。一是突破特色贝类种资源活体、细胞、基因的保存和维护技术，建立地方特色贝类资源高效保存库，突破自然种质资源动态跟踪评价技术和生态尺度资源技术等瓶颈，建立动静态结合的多维贝类自然种质资源保护技术体系。二是构建优良品种核心种质保护家系。推动新品种培育单位及龙头应用企业独立构建不同养殖新品种及养殖群体的种质维护家系，并定期以家系混群繁育的方式对贝类养殖群体的遗传种质进行维护和复壮，保持一线养殖群体的新品种遗传和经济指标。三是规范贝类原种引进秩序。加强对贝类原产地种质资源的细分，制定详细的时间与空间上的引种规划，争取高品质、稳定的遗传种质资源供应，同时加强不同地理群体间贝类杂交与选育研究，提高引种资源的维护水平，确保外来贝类种质资源利用安全有序实施。

(3) 加快构建以企业为核心的商业育种体系

扶持一批行业影响力大、市场化程度高、抵御风险能力强的新型贝类良种研发企业，加快构建以企业为创新主体的商业育种体系。一是鼓励实力较强的企业与科研机构的合作，共同开展商业化贝类良种的研发工作，科研机构以入股或横向课题的形式参与种质创新和品种研发，企业承担苗种商品化生产、销售的下游产业任务，完善新品种研发链条的分工与合作模式。二是发挥政府的政策支持与引导作用，鼓励企业加大自主技术研发力度，建设企业原良种研发中心和原良种场，提升企业自主技术创新能力，推动贝类良种开发的商业化，逐步形成集“研发、生产、销售”一体化的贝类良种商业化开发模式。三是推动相关高校、科研院所和企业联合，建立良种产业技术创新战略联盟，引导创新技术在产业中的自由流通和推广应用，打造“研、育、繁、推、用”一体化，良种选育与扩繁、示范养殖与推广等功能完整、衔接紧密的贝类良种开发与利用链条。

（4）提升贝类良种开发与保护的政策环境

研究制定贝类良种开发、推广和保护的有关政策，加强对贝类良种产业秩序的规范与引导。一是设立新品种推广专项引导资金。依托水产技术推广站、龙头养殖企业等，制定详实的水产新品种推广计划与指标，实施贝类良种的推广工程，提升山东省贝类养殖产业的良种覆盖率。二是研究制定新品种苗种补贴、新品种生态效益补贴、政策性新品种养殖保险、新品种养殖免租免税等政策性措施，调动广大养殖企业和养殖户养殖新品种热情，加快促进贝类良种的推广与普及。三是加大贝类良种知识产权保护力度。研究贝类知识产权保护关键技术，完善以新品种权为主的知识产权保护体系，加强苗种生产行政许可全过程管理，严格市场准入条件和标准，强化行政许可后的监督管理，建立许可信息公开查询平台和生产经营信息报告制度，严厉打击生产经营假劣苗种等行为，切实维护公平竞争的市场秩序，推动贝类良种产业的健康可持续发展。

（二）山东省海水贝类增养殖业发展概况

贝类产业是山东省渔业的支柱产业，在满足人民群众对于水产品需求方面发挥着至关重要的作用[39]。2022年，山东省水产品总量为881.27万吨，贝类产量为455.72万吨，占比51.71%，产量占据半壁江山。山东淡水贝类产量占比极小，2022年山东淡水贝类产量为3533吨，仅占山东贝类总产量的0.08%（图1）。

山东海水贝类产业主要以养殖为主。2022年山东海水贝类产量为455.37万吨，其中养殖产量为442.94万吨，占总产量的97.27%（图2）。

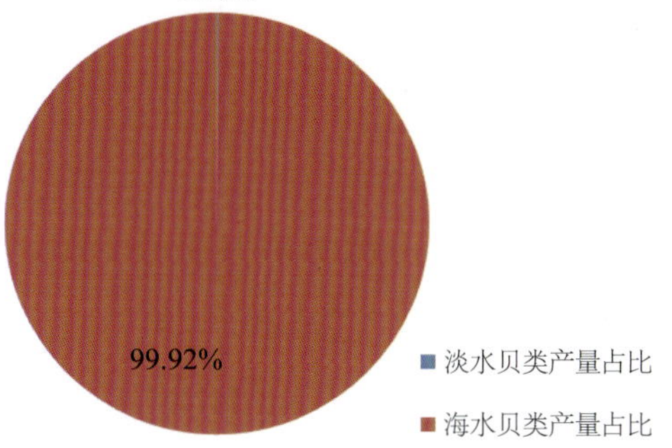

图1　山东省海淡水贝类产量占比图

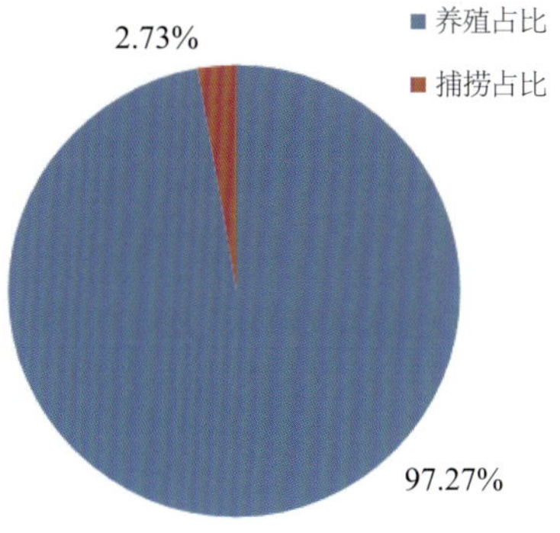

图2　山东省海水贝类养殖与捕捞产量占比图

1. 山东省贝类海水养殖产业现状

山东省海水贝类养殖业自 20 世纪六七十年代开始，历经 80 年代快速发展期、90 年代低潮期、21 世纪发展期，仍在山东省乃至全国水产养殖业中占有非常重要的地位。2022 年，山东省海水贝类养殖产量占全国养殖总产量的 28.22%，稳居全国首位。但从单产上来看，山东省海水贝类单位面积产量为 11.19 万吨 / 千公顷，略低于全国平均水平（12.36 万吨 / 千公顷），可见在提质增效上还有待进一步提高。

近二十多年，山东省海水贝类养殖产量整体呈增长趋势。仅在 2007 年和 2019 年出现了大幅下降，这与 2007 年和 2019 年暴发的风暴潮导致大量贝类死亡有关。

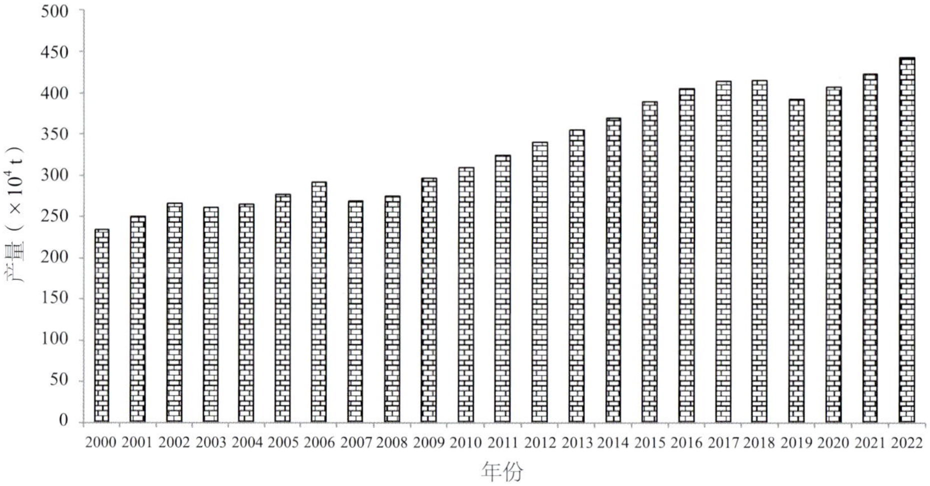

图 3　2000—2022 年山东省海水贝类养殖产量年际变化图

威海、烟台和青岛是山东省海水贝类养殖大市，产量分别占全省海水贝类养殖总产量的 29%、28% 和 17%（图 4）。

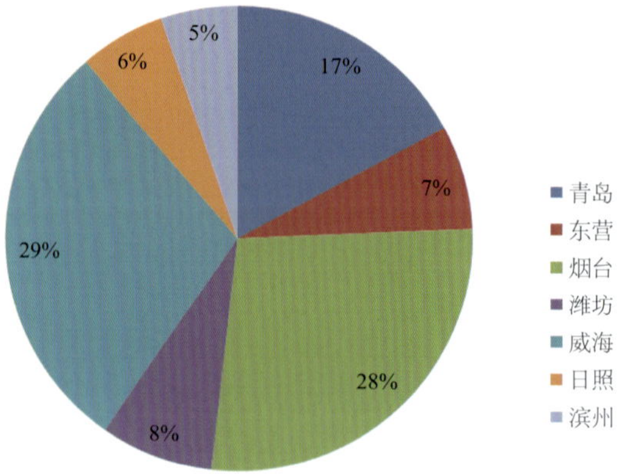

图 4　山东省沿海各地市海水贝类养殖产量占比

山东省贝类养殖模式主要包括滩涂底播养殖、筏式养殖和工厂化养殖。从地域上来说，烟台、威海等山东半岛东、北部区域近海以牡蛎、扇贝等筏式养殖及鲍工厂化养殖为主；文登、乳山、海阳和即墨等山东半岛南部近海以牡蛎筏式养殖为主；滨州、东营和潍坊海域以菲律宾蛤仔、文蛤、毛蚶、大竹蛏等滩涂养殖为主；日照近海以贻贝、牡蛎养殖为主。（图 5）

图 5　山东省各地市主要海水养殖贝类分布图

山东省海水贝类主要养殖种类为蛤类、牡蛎、扇贝、贻贝、鲍、蛏、螺、蚶等，均呈现出明显的空间集聚特征。

（1）蛤类

蛤类是山东省产量最高、养殖规模最大的养殖种类。2021 年养殖产量和面积分别占全省的 31.53%、22.64%。山东省蛤类主要养殖品种为菲律宾蛤仔、文蛤、青蛤、硬壳蛤、四角蛤蜊等。

蛤类主要养殖区位于青岛、东营、滨州、威海近海，其中以青岛产量最高，养殖产量占全省蛤类养殖产量的 27.23%，东营、滨州及威海等其他养殖区蛤类产量占全省总产量的 11% ~ 14%。目前蛤类主要养殖方式为底播增养殖，多位于浅海滩涂，苗种大多采购自江苏、福建等南方沿海，苗种质量参差不齐，受敌害生物影响较大。2021 年 3 月，青岛胶州湾区域大量爆发的海星，给蛤类养殖带来较大影响。

（2）牡蛎

牡蛎也是山东省产量较高的养殖种类。2021 年养殖产量和面积分别占全省的 26.75% 和 23.88%。山东省牡蛎主要养殖品种为长牡蛎、近江牡蛎、三倍体牡蛎等，主要养殖方式为筏式吊笼养殖和吊绳养殖。

山东省牡蛎主要养殖区位于威海、烟台和青岛近海，其中以威海乳山产量最高。威海市牡蛎养殖产量占全省牡蛎养殖产量的55.45%。近几年，三倍体牡蛎养殖发展迅猛，目前已经占据乳山牡蛎养殖规模的三分之一。经过多年来的发展，山东省牡蛎养殖规模稳定中逐步扩大，并形成了苗种繁育、中间培育、育肥养成分阶段、跨区域合作养殖的集约化养殖模式。

（3）扇贝

扇贝养殖产量居山东省海水贝类第三位。2021年养殖产量和面积分别占全省的23.22%和30.34%。山东省扇贝主要养殖品种为海湾扇贝、栉孔扇贝和虾夷扇贝等，主要养殖方式为筏式吊笼养殖，也有少量的虾夷扇贝底播增殖。

扇贝主要养殖区位于烟台、威海、潍坊近海，其中以烟台产量最高，养殖产量占全省的64.72%。海湾扇贝养殖主要集中在烟台市长岛县和芝罘区；栉孔扇贝养殖集中在烟台和威海市，青岛即墨崂山湾有少量养殖；虾夷扇贝仅在长岛等北部海域有养殖。

（4）贻贝

贻贝养殖在山东也有开展。2021年，其养殖产量和面积分别为3.37万吨和2.86万公顷，分别占全省的7.96 %和7.19%。养殖品种多为紫贻贝，养殖方式为吊绳养殖。

贻贝养殖区主要位于日照、烟台沿海，其中日照贻贝产量最高，约占全省贻贝总产量的51.42%，烟台产量居第二位，约占26.20%，其他地区贻贝产量较少。

（5）鲍

鲍作为海珍品，也是山东省主养殖品种。2021年养殖产量和面积分别为3.54万吨和0.61万公顷，分别占全省的0.83 %和1.54%。养殖品种主要为皱纹盘鲍，部分兼养新品种西盘鲍和绿盘鲍，主要养殖方式为底播增养殖及工厂化养殖。

鲍养殖区主要位于威海、青岛、烟台，其中威海的鲍产量最高，占全省产量的84%左右，多在威海荣成；青岛的鲍产量约占全省的12%，主要集中在黄岛区；烟台鲍产量约占全省的4%，主要集中在开发区、蓬莱及长岛。黄河三角洲海域鲍增养殖发展空间仍较大。

（6）其他特色贝类

蛏、螺、蚶作为特色贝类，也在山东海产贝类养殖中占据一席之地。2021年产量分别占据山东省贝类养殖总量的3.33 %、0.39 %和0.22 %。近几年，随着山东省渔民保护意识的提升，蛏、螺、蚶等海洋经济贝类资源量得到了恢复，产量也在逐渐提升。

蛏的养殖区主要位于潍坊市的昌邑和寿光，产量约占全省总产量的40%；螺的养殖区主要位于东营、潍坊，其中东营产量约占全省螺总产量的78%，潍坊产量约占

18% 左右。蚶的养殖区主要位于滨州、威海，其中滨州主要养殖毛蚶，产量占全省蚶总产量的 80%；威海主要养殖魁蚶，产量占全省蚶总产量的 20%。

2. 山东省海水贝类捕捞现状

山东省海水贝类主要捕捞品种为菲律宾蛤仔、扇贝、牡蛎、鲍、贻贝等。2022 年山东省海水贝类捕捞为 12.44 万吨。2000—2020 年，海水贝类捕捞产量在 2003 年出现了断崖式下跌，之后缓慢增长至 2005 年的 36.82 万吨，之后仍呈下降态势，可见已处于充分利用状态。

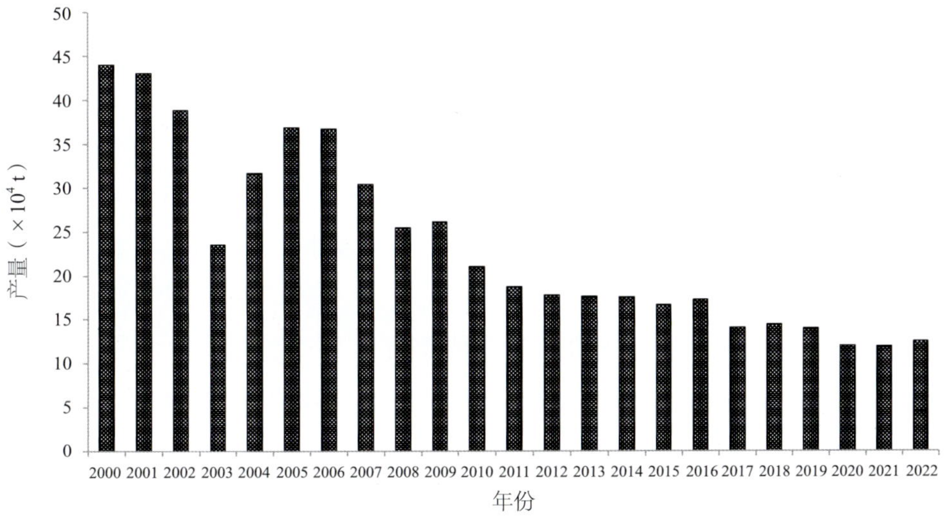

图 6　山东省贝类捕捞产值年际变化图

烟台、威海与东营是山东省海水贝类捕捞量大市，捕捞量分别占全省海水贝类捕捞总产量 46%、18 % 和 12 %。

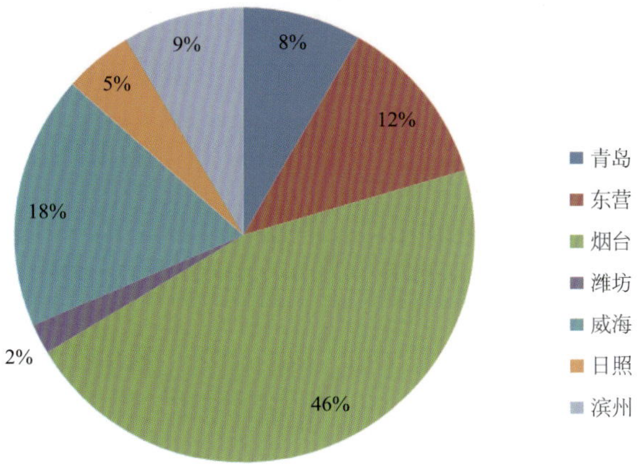

图 7　山东省各地市海水贝类捕捞产量占比

3. 山东省海水贝类增养殖业存在的问题

山东省海水贝类养殖虽然在海水养殖中占有重要地位，但仍存在产业结构不合理、空间利用不均衡、良种覆盖率不高、养殖模式不科学、品牌竞争力较弱等问题，制约了山东省海水贝类增养殖业的绿色高质量发展。

（1）养殖种类低值化，产业结构亟需提升

山东海水贝类养殖多以蛤类、贻贝等相对低价值种类为主，经济价值较高的蛏、鲍、螺产量和养殖面积均占比较小[40]。2021年，山东省蛏、鲍、螺养殖产量仅占山东省海水贝类产量的3.33 %、0.83% 和0.22 %。产业结构不合理导致了山东省海水贝类养殖单位面积产值偏低，经济效益不高。

（2）养殖空间受挤压，空间利用有待拓展

山东省贝类养殖主要集中在滩涂和水深负20米以内浅海。其中，滩涂贝类养殖一般集中在水深0 ～ 3米空间范围[41]，筏式养殖一般集中在水深20米以浅范围。这部分海域空间基本饱和。水深20米以深海域开发强度小、种类少，且黄河三角洲海域尚有一定的开发空间。

（3）良种覆盖率低，种业支撑能力有待增强

良种覆盖率低是造成山东省海水贝类养殖单产低、效益不高的重要因素之一。目前山东省海水贝类的养殖品种绝大多数没有经过选育[42]，累代养殖导致出现种质退化、生长速度慢、抗病力下降等问题，使养殖成本大大增加，严重制约了山东海水贝类产业的绿色高质量发展。

（4）养殖模式粗放，设施养殖仍需加强

山东省海水贝类养殖方式相对粗放，局部海域存在单一种类、单一模式的养殖规模过大，养殖密度过高的问题[43-44]，增加了养殖水域的环境压力，使贝类生长速度减缓、品质降低，进而导致病害频发，死亡率升高，造成严重的经济损失[45]。另一方面，目前海水贝类养殖模式多为筏式养殖、滩涂护养、育苗设施以及传统的筏架、吊笼、吊绳等传统养殖设施为主，机械化设施尚未广泛普及[46]。

（5）产业链不完善，品牌竞争力亟需提升

山东省海水贝类养殖产业链条中加工、销售等环节存在短板，产品附加值低，流通服务业发展相对滞后[47]。缺乏品牌意识，虽然拥有“乳山牡蛎”“胶州湾蛤蜊”“黄河口文蛤”“长岛鲍鱼”等国家地理标志产品，但除“乳山牡蛎”“长岛鲍鱼”等之外，市场认可度不高，产品多元化不足，产品附加值不高，品牌竞争力相对较弱。

4. 山东省海水贝类增养殖业发展对策

(1) 合理调整养殖品种结构

在传统的蛤类、牡蛎、扇贝、贻贝养殖的基础上，大力发展高值贝类养殖，如鲍、蛏、螺等，鼓励贝类养殖业者进行经济价值较高的贝类养殖，在财政或政策方面给予一定的支持。

(2) 科学规划养殖空间

随着沿海经济的发展，传统贝类的养殖空间如滩涂、池塘等逐渐被挤占，因此应在适当控制滩涂和近岸海域贝类养殖规模的基础上，研究适合黄河三角洲区域适养贝类的养殖模式，积极发展深远海养殖，开展深水网箱鲍鱼养殖等，不断扩大贝类养殖空间[48]。

(3) 提高良种覆盖率

利用现代海洋生物育种技术，在开展贝类良种选繁育，改良现有养殖品种的基础上，积极引进新品种，提升贝类品种和苗种质量。同时，建立科学、系统的海水贝类种质资源鉴定与检验体系，有效鉴定优良贝类种质资源，从源头上保障海水贝类种质质量，提高优质种苗的产出率。

(4) 转变传统发展方式

改变传统海水贝类养殖粗放型“以量取胜”的养殖模式，积极发展多营养层级养殖、间养轮养等生态高效养殖模式，在提高单位水体产出的同时，保护海区生态环境。同时开展贝类养殖设施装备、采捕设施装备研发及配套技术等研究[49]，建立标准化规范，进而提高贝类生产过程中的可控性与稳定性，加快贝类海水养殖业的结构调整。

(5) 加快贝类产品品牌建设

实施海水贝类品牌战略，开展有机水产品和绿色食品认证，加强水产品地理标志注册和登记，结合“互联网 +”“大数据 +”，做好特色产品宣传和推广，不断提高品牌认知度，进而打造高端海水贝类品牌及产品，进军高端水产市场。

(三) 其他领域开发利用概况

1. 贝类加工领域

山东省海洋贝类加工利用仍以传统食品加工业为主，贝类加工产品的主要产品形式为冷冻品、干制品、即食品、调味品等，其中，冷冻品包括冻贝肉、冻蛤肉、冻牡蛎等；干制品可分为生干品、熟干品、盐干品等，如牡蛎干、贻贝干等；即食品包括牡蛎沙司、烟熏贻贝罐头、即食扇贝肉等；传统的贝类调味品包括扇贝调味汁、蚝油、牡蛎酱等。在贝类精深加工领域，进行了生物活性肽等贝类功能性食品、营养食品和天然药物的开发等。

2. 碳汇渔业领域

中国是世界上最早提出渔业碳汇理念的国家，坚持绿色低碳循环发展理念，减排增汇是我国实现碳中和目标的必然途径。目前，全世界每年排入大气中的 CO_2 为 55 亿吨，约有 20 亿吨被海洋吸收，占总排放量的 20% ~ 35%，其中，海洋中的贝类可将海水中的颗粒有机碳固定到贝壳的主要成分碳酸钙中，形成了较为持久的碳汇，并减少了海水中的 CO_2 分压，故海洋贝类在碳汇功能方面发挥了重大作用。随着海水养殖产业的不断发展，预计我国的海水养殖贝类产量将持续上升，据推测，到 2030 年按现有贝藻产量比例计算，我国海水养殖每年从水体中大约移出 230 万吨碳。

3. 其他领域

海洋贝类除在以上领域中的应用，在工艺品制作等方面也发挥着重要的作用，海洋贝类的外壳以其赏心悦目的色彩、绝妙精美的花纹、无比奇特的造型和特有的珍珠光泽，使其在装饰方面表现出很高的利用价值；同时贝壳还可用于贝瓷的制作，滨州市无棣县生产的“无棣贝瓷”，堪称“绿色健康瓷”。此外，诸多贝类还可作为化工领域的生产原料等。

参考文献

[1] 刘英杰，刘永新，方辉，等．我国水产种质资源的研究现状与展望 [J]. 水产学杂志，2015, 28(5): 48−52.

[2] 郑伟．水生经济种类生物标本的制作与保存 [J]. 中国渔业经济，2009, 27(6): 138−142.

[3] 张岩，陈四清，于东祥，等．海洋贝类配子及胚胎的低温冷冻保存 [J]. 海洋水产研究，2004 (06): 73−78.

[4] 韩龙江，刘清华，许飞，等．长牡蛎精子超低温冷冻后超微结构损伤研究 [J]. 水生生物学报，2017, 41(01): 220−227.

[5] 叶婧，姜建湖．魁蚶精子发生的超微结构 [J]. 上海海洋大学学报，2012, 21(02): 199−203.

[6] 杨培民，杨爱国，刘志鸿，等．虾夷扇贝精子的主要生理特性与低温保存 [J]. 水产科学，2008 (09): 433−437. DOI:10.16378/j.cnki.1003-1111.2008.09.005.

[7] ZHANG G F, FANG X D, GUO X M, et al. The oyster genome reveals stress adaptation and complexity of shell formation[J]. Nature, 2012, 490(7418): 49−54.

[8] WANG S, ZHANG J, JIAO W, et al. Scallop genome provides insights into evolution of bilaterian karyotype and development[J]. Nature Ecology & Evolution, 2017, 1: 0120.

[9] LI Y L, SUN X Q, HU X L, et al. Scallop genome reveals molecular adaptations to semi-sessile life and neurotoxins [J]. Nature Communication, 2017, 8(1): 1721.

[10] 周书珩，王印庚．近海水域海星泛滥引起的反思 [J]. 水产科学，2008(10): 555−556.

[11] 李大海，潘克厚，韩立民．我国海水养殖业的发展历程 [J]. 中国渔业经济，2005(6):11−13.

[12] 周玮．贝类半人工自然海区采苗技术要点 [J]. 中国水产，1993(10):14−17.

[13] 张福绥，楼子康，马江虎，等．春季繁殖期两茬贻贝苗的培育 [J]. 海洋与湖沼，1982(01):87−96.

[14] 张起信，姜文法．栉孔扇贝秋季半人工采苗技术 [J]. 海洋科学，1987, 11(5):46−47.

[15] 张福绥．近现代中国水产养殖业发展回顾与展望 [J]. 世界科技研究与发展，2003, 25(3):5−13.

[16] 张玺．中国黄海和东海经济软体动物的区系 [J]. 海洋与湖沼，1959(01):27−34.

[17] 张福绥，何义朝，李淑英，等．胶州湾贻贝的生长 [J]. 水产学报，1981, 005(002):133−146.

[18] 王如才，高洁．栉孔扇贝 *Chlamys farreri* (Jones et Preston) 人工育苗试验报告 [J]. 山东海洋学院学报，1986, 016(004):145−153.

[19] 佚名．山东省渔业统计年鉴 [R]. 济南：山东省农业农村厅，2000−2022.

[20] 张福绥，何义朝，刘祥生，等．海湾扇贝引种、育苗及试养 [J]. 海洋与湖沼，1986, 17(5):367−374.

[21] 吴富村，阙华勇，张国范．我国皱纹盘鲍底播增养殖历史、现状及未来发展趋势 [J]. 海洋科学，2020, 44(8):56−58.

[22] 李鲁晶 . “中科红”海湾扇贝 [J]. 科技致富向导 , 2011(4):27−27.

[23] 张守都 , 李莉 , 张国范 . “中科 2 号”海湾扇贝 (*Argopecten irradians*) 幼虫期壳长遗传力的估计 [J]. 海洋科学 , 2016, 040(007):54−59.

[24] 王庆志 , 李 琪 , 孔令锋 , 等 . 长牡蛎第三代选育群体生长性状的选择效应 [J]. 水产学报 , 2013, 37(010):1487−1494.

[25] 张璐 . 全基因组选择在栉孔扇贝 (*Chlamys farreri*) 育种中的应用 [D]. 青岛 : 中国海洋大学 , 2015.

[26] ZHANG H, XIAO L, ZHANG G, et al. Growth and survival of reciprocal crosses between two bay scallops, Argopecten irradians concentricus Say and A. irradians irradians Lamarck[J]. Aquaculture, 2007, 272(supp-S1):S88−S93.

[27] 张跃环 , 王昭萍 , 闫喜武 , 等 . 太平洋牡蛎与近江牡蛎的种间杂交 [J]. 水产学报 , 2012, 36(8): 1215−1224.

[28] 佚名 . “大连 1 号”杂交鲍 [J]. 海洋与渔业 , 2008(11):40−40.

[29] 王春德 , 刘保忠 , 李继强 , 等 . 紫扇贝与海湾扇贝种间杂交的研究 [J]. 海洋科学 , 2009(10):86−89+93.

[30] 吴融 . 贝类诱导三倍体研究的综述 [J]. 渔业信息与战略 , 1990(4):6−9.

[31] 赵婷 . 低渗诱导虾夷扇贝三倍体的研究 [D]. 青岛 : 中国海洋大学 , 2009.

[32] 常亚青 , 王子臣 , 杨旦光 . 贝类多倍体育种研究现状 [J]. 水产科学 , 2002, 21(1):31−36.

[33] 王冬群 , 李太武 . 6-DMAP 在贝类多倍体诱导中的应用 [J]. 河北渔业 , 2003(1):3−4, 26.

[34] 包振民 , 万俊芬 , 王继业 , 等 . 海洋经济贝类育种研究进展 [J]. 青岛海洋大学学报 (自然科学版) , 2002, 32(4):567−573.

[35] 于洋 , 李琪 , 张哲 , 等 . 海大 2 号长牡蛎规模化育苗技术的研究 [J]. 海洋湖沼通报 , 2017(6):122−128.

[36] 苏海林 . 贝类全基因组选择技术建立及其在扇贝育种中的应用 [D]. 青岛 : 中国海洋大学 , 2013.

[37] 佚名 . 栉孔扇贝“蓬莱红 2 号”[J]. 中国水产 , 2014(10):47−48.

[38] 佚名 . 海湾扇贝“海益丰 12”[J]. 海洋与渔业 , 2017(6):39.

[39] 刘桂宏 , 郭德明 . 浅析山东省贝类产业发展的问题与对策 [J]. 青岛农业大学学报 (社会科学版) , 2016, 28(1):55−58.

[40] 盖明娟 , 李中华 , 刘学忠 . 贝类产业供给侧存在的问题及对策——以山东省为例 [J]. 农业经济 , 2018(9):20−21.

[41] 李莉 , 吴莹莹 , 宋娴丽 , 等 . 浅析山东省滩涂贝类养殖现状与技术发展对策 [J]. 水产养殖 , 2020, 41(10):3.

[42] 孙振兴 , 常林瑞 . 贝类种质资源保护研究进展 [J]. 海洋湖沼通报 , 2005(3):103−108.

[43] 王波 , 韩立民 . 我国贝类养殖发展的基本态势与模式研究 [J]. 中国海洋大学学报 (社会科

学版), 2017(03):5−12.

[44] 彭张记 , 袁华 , 袁群生 . 滩涂养殖贝类发病、死亡原因及预防措施 [J]. 齐鲁渔业 , 2008, 025(010):14−14.

[45] 印丽云 . 近江牡蛎代谢生理及能量收支的初步研究 [D]. 石家庄：河北师范大学 , 2012.

[46] 李娟 , 于斐 , 关长涛 , 等 . 山东贝类产业一体化的可持续发展 [J]. 天津农业科学 , 2015(07):63−65.

[47] 李成林 , 宋爱环 , 胡炜 , 等 . 山东省扇贝养殖产业现状分析与发展对策 [J]. 海洋科学 , 2011, 35(3):92−98.

[48] 邹琰 , 朱安成 , 刘广斌 , 等 . 关于山东省推进浅海底栖渔业资源开发战略的初步构想 [J]. 海洋经济 , 2015(03):25−33.

[49] 刘鹰 , 郑纪盟 , 邱天龙 . 贝类设施养殖工程的研发现状和趋势 [J]. 渔业现代化 , 2014(5): 1−5.

附图　工作掠影

1. 贝类样品采集

2. 贝类样品分拣

3. 贝类样品测量

4. 贝类图像采集

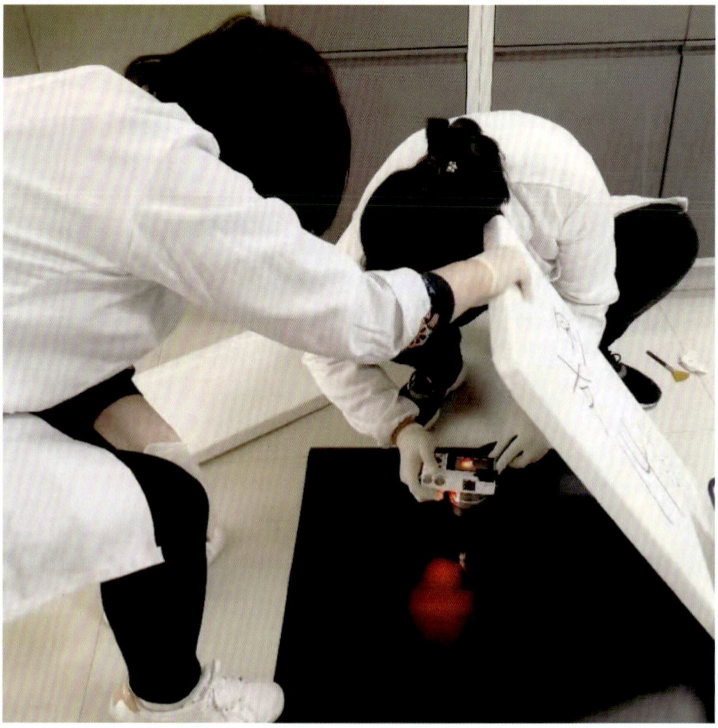

5. 贝类样品鉴定